FORSCHUNGSBERICHTE DES LANDES NORDRHEIN-WESTFALEN

Nr. 2811/Fachgruppe Maschinenbau/Verfahrenstechnik

Herausgegeben vom Minister für Wissenschaft und Forschung

Prof. Dr.-Ing. Wolfgang Backé
Dr.-Ing. Gerd-Dieter Wobben
Dipl.-Ing. Elmar Wassenberg
Institut für hydraulische und pneumatische Antriebe
und Steuerungen
der Rhein.-Westf. Techn. Hochschule Aachen

Untersuchungen des stationären und dynamischen Verhaltens mechanisch und elektrisch vorgesteuerter Druckbegrenzungsventile

Springer Fachmedien Wiesbaden GmbH 1979

CIP-Kurztitelaufnahme der Deutschen Bibliothek

Backé, Wolfgang:
Untersuchungen des stationären und dynamischen Verhaltens mechanisch und elektrisch vorgesteuerter Druckbegrenzungsventile / Wolfgang Backé ; Gerd-Dieter Wobben ; Elmar Wassenberg. - Opladen : Westdeutscher Verlag, 1979.
(Forschungsberichte des Landes Nordrhein-Westfalen ; Nr. 2811 : Fachgruppe Maschinenbau, Verfahrenstechnik)
ISBN 978-3-531-02811-8
NE: Wobben, Gerd-Dieter:; Wassenberg, Elmar:

Ursprünglich erschienen bei Westdeutscher Verlag GmbH, Opladen 1979
Gesamtherstellung: Westdeutscher Verlag

ISBN 978-3-531-02811-8 ISBN 978-3-663-19779-9 (eBook)
DOI 10.1007/978-3-663-19779-9

Inhaltsverzeichnis

Seite

Bezeichnungen, Formelzeichen und Einheiten

Normierte Größen werden durch einen Querstrich gekennzeichnet, falls keine besondere Bezeichnung verwendet wird.

A	Druckanschluß der Hauptstufe	
A	Fläche	mm^2
A_A, $A_A(x)$	Druckwirkfläche an der Systemdruckseite des Hauptstufenkolbens	mm^2
A_B, $A_B(x)$	Druckwirkfläche (Ringfläche) an der Rücklaufseite des Hauptstufenkolbens	mm^2
$A_{SV}(y)$	Druckwirkfläche am Vorstufenkegel	mm^2
$A_S(x)$	Kegelstumpfmantelfläche des Steuerquerschnittes der Hauptstufe	mm^2
$A_S(y)$	Kegelstumpfmantelfläche des Steuerquerschnittes der Vorstufe	mm^2
A_X	Druckwirkfläche an der Steuerdruckseite des Hauptstufenkolbens	mm^2
B	Rücklaufanschluß der Hauptstufe	
C	Kapazität	
c_F	Federsteifigkeit	N/mm
C_{HP}	hydraulische Kapazität des Vorvolumens zwischen Pumpe, Ventil und Verbraucher	cm^3/bar
C_{HV}	hydraulische Kapazität des Steuerraumes der Vorstufe	cm^3/bar
C_{HX}	hydraulische Kapazität des Steuerraumes der Hauptstufe (federseitig)	cm^3/bar
d	Durchmesser	mm
d_A	Sitzdurchmesser der Hauptstufe	mm
d_X	Kolbendurchmesser der Hauptstufe (steuerseitig)	mm
$d_S(x)$	engster (III/1) bzw. weitester (III/2, III/3) Steuerquerschnittsdurchmesser	mm
d_{SV}	Sitzdurchmesser der Vorstufe	mm

$d_{SV}(y)$	engster Steuerquerschnittsdurchmesser an der Vorstufe	mm
d_o	Durchmesser eines konstanten Widerstandes (allgemein)	mm
d_{Ri}	Durchmeser eines konstanten Widerstandes R_i (i=1 bis 3)	mm
d_{Hyd}	Hydraulischer Durchmesser	mm
d_H	Koeffizient der viskosen Reibung an der Hauptstufe	Ns/mm
d_V	Koeffizient der viskosen Reibung an der Vorstufe	Ns/mm
D	Dämpfungsgrad	-
$E_{öl}$, $E_{öl}(p)$	Kompressionsmodul des Öles	bar
$E'_{öl}$, $E'_{öl}(p)$	Ersatzkompressionsmodul	bar
F	Kraft	N
F_B	Beschleunigungskraft	N
F_D	Dämpfungskraft	N
F_G	Gegenhaltekraft	N
F_F	Federkraft	N
F_{Fo}	Federvorspannkraft	N
F_p	Druckkraft	N
F_{Str}	Strömungskraft	N
f	Frequenz	Hz
I	Impulskraft	N
l	Länge	mm
k, K	Konstante	-
m	Kolbenmasse	g
p	Druck	bar
p_A	Systemdruck	bar
p_R	Druck im Rücklauf	bar
p_S	Druck im Steuerquerschnitt	bar
p_{soll}	Solldruck	bar

$p_{max',\ min}$	Maximaler, minimaler Druck	bar
p_V	Druck an der Vorstufe	bar
p_X	Steuerdruck	bar
p_Z	Druck im Zusatzvolumen	bar
$\bar{p}$	bezogener Druck	
Q	Volumenstrom	l/min
Q_H	Volumenstrom durch die Hauptstufe	l/min
Q_{Komp}	Kompressionsstrom	l/min
Q_L	Laststrom zum Verbraucher	l/min
Q_P	Pumpenförderstrom	l/min
Q_R	Volumenstrom durch einen festen Widerstand	l/min
Q_V	Volumenstrom durch die Vorsteuerstufe	l/min
R	Widerstand	
Re	Reynoldzahl	-
Re_G	Grenzwert für Re zwischen laminarer und turbulenter Strömung	-
t	Zeit	ms
t_E	Druckeinbruchzeit	ms
U	Umfang	mm
u_A	Ausgangsspannung	V
u_E	Eingangsspannung	V
V	Volumen	cm^3
V_{oP}	Volumen zwischen Pumpe, Ventil und Verbraucher	cm^3
V_{oV}	Volumen im Steuerraum der Vorstufe	cm^3
V_{oX}	Volumen im Steuerraum der Hauptstufe	cm^3
V_{oZ}	Zusatzvolumen	cm^3
v	Geschwindigkeit	mm/s

x	Weg des Hauptstufenkolbens	mm
x_{VS}	Vorspannweg der Hauptstufenfeder	mm
X	Steueranschluß der Hauptstufe	-
y	Weg des Vorstufenkegels	mm
y_{VS}	Vorspannweg der Vorstufenfeder	mm
z	Triggersignal	
α_D	Durchflußkoeffizient	-
α_{Dmax}	maximaler Durchflußkoeffizient	-
β	halber Kegelwinkel	
Δ	Differenz	
ε	Strömungswinkel	
η	dynamische Zähigkeit	cP
ϑ	Temperatur des Betriebsmediums	^oC
Λ	logarithmisches Dekrement	-
ν	kinematische Zähigkeit	cSt
ρ	Dichte des Betriebsmediums	g/cm^3
τ	Schubspannung	N/mm^2
ω	Kreisfrequenz	1/s

Indizes

aus	ausströmend
ein	einströmend
G, Grenz	Grenzwert
H	Hauptstufe
Hyd	hydraulisch
KFL	Kontrollfläche
Korr	Korrektur

L, lam	laminar
M	Messung
max	Maximalwert
Ö	Öffnung
S	Steuerquerschnitt
T, turb	turbulent
th	theoretisch
V	Vorsteuerstufe
SSA	Servostellantrieb
SSV	Schnellschaltventil
Str	Strömung
1, 2, 3	Aufzählungsnummern
', '', ''',	Positionskennzeichnungen für Widerstand R_2

1. Einleitung

Druckbegrenzungsventile haben in Hydraulikanlagen die Aufgabe, den Systemdruck auf eine vorgegebene Höhe zu begrenzen. Wird dieser vorgegebene Wert erreicht, so öffnet das Ventil und läßt einen bestimmten Ölstrom zum Tank abfließen. Man unterscheidet zwischen direktgesteuerten und vorgesteuerten Ventilen.

Bei direktgesteuerten Ventilen wird der auf eine Kolbenfläche wirkende Druck mit der Kraft einer vorgespannten Feder verglichen (Soll-Istwert-Vergleich). Der Kolben mit Feder wirkt dabei als Meßglied und Stellglied gleichzeitig. Diese Ventile sind in [1,2,3,4,5] ausführlich untersucht worden.

Bei vorgesteuerten Druckbegrenzungsventilen (i. a. Ventile mit einer Nenngröße $>$ 1o) sind Meßsystem und Stellsystem getrennt. In einer kleinen Vorsteuerstufe als Meßglied erfolgt der Soll-Istwert-Vergleich. Das Druckausgangssignal der Vorstufe wirkt auf die Hauptstufe des Ventils, die als Stellglied arbeitet.

Vorgesteuerte Druckbegrenzungsventile können sowohl von der Vorstufe als auch von der Hauptstufe her unterteilt werden in Schieber- und Sitzventile oder deren Kombination (Bild 1.1).

Sitzventile haben gegenüber den Schieberventilen den Vorteil, im geschlossenen Zustand hermetisch dicht zu sein. Außerdem ist ihr Zeitverhalten besser, da Sitzventilkolben eine geringere Masse haben und sich nicht erst, wie bei Schieberventilen, über eine gewisse positive Überdeckungslänge verschieben müssen. Aus diesen Gründen wird den Sitzventilen gegenüber den Schieberventilen häufig der Vorzug gegeben.

In vorgesteuerten Druckbegrenzungsventilen existieren unterschiedliche Kombinationen von konstanten Strömungswiderständen mit der Vorsteuerstufe. Nach Backé [6] werden konstante und variable Widerstände zu Brückenhalbgliedern verschaltet und in einer Systematik dargestellt. Diese Systematik wird für eine Unterteilung der Systematik dargestellt. Diese Systematik wird für eine Unterteilung der Druckventile angewendet. Die meisten auf dem Markt befindlichen Druckbegrenzungsventile sind Sitzventile nach Widerstandsschaltung B, d.h., im Zulauf zu einem Verdrängerraum - hier dem federseitigen Steuerraum der Hauptstufe - liegt ein konstanter Widerstand und im Ablauf liegt die Vorstufe als variabler Widerstand. Der Druck zwischen beiden Widerständen dient als Steuerdruck für die Hauptstufe. Wie das Ersatzschaltbild zeigt, wird der variable Widerstand druckabhängig verstellt.

In der unteren Hälfte von Bild 1.1 sind Vorsteuerstufen in Widerstandsschaltung C gezeigt. Hier fließt der Volumenstrom zuerst über die Steuerkante der Vorstufe und danach durch einen konstanten Widerstand zum Tank. Der Druck vor dem konstanten Widerstand steuert die Hauptstufe. Dieser Steuerdruck steigt erst an, wenn der an der Vorstufenfeder eingestellte Solldruck überschritten wird. Von daher müssen bei dieser Schaltungsart, sowohl für die Hauptstufen in Sitz- wie in Schieberbauart, Öffner statt der Schließer bei Wiederstandsschaltung B eingesetzt werden. Die Hauptstufen im Zusammenhang mit Widerstandsschaltung B werden durch den Steuerdruck geschlossen gehalten, während sie nach Schaltung C zunächst geschlossen sind und durch den Steuerdruck geöffnet werden. Zu erwähnen ist, daß bei den Hauptstufen nach C die Steuerfläche größer sein muß als die Sitzfläche, da sonst ein Öffnen nicht möglich wäre. Der Steuerdruck ist nämlich stets kleiner als der zu regelnde Systemdruck, entsprechend dem Druckabfall an der Vorsteuerstufe.

Obwohl Druckbegrenzungsventile nach Widerstandsschaltung C durchaus funktionsfähig sind, befinden sich keine Ventile dieser Art im Angebot der Hersteller.

Wegen der erwähnten Vorteile bei den Sitzventilen sind heute fast ausschließlich Sitzventile nach Widerstandsschaltung B anzutreffen. Daher befaßt sich diese Untersuchung nur mit Sitzventilen nach Widerstandsschaltung B. Die Hauptstufen dieser Ventile bestehen vielfach aus 2-Wege-Einbauventilen mit Kolben und Hülse, die vor allem für Gehäuse- und Blockeinbau geeignet sind.

1.1 Aufgabenstellung

Bild 1.2 zeigt ein Beispiel des schematischen Aufbaus eines vorgesteuerten Druckbegrenzungsventils als Brückenhalbglied B mit den zur Beschreibung des Ventilverhaltens notwendigen Bezeichnungen. Als Hauptstufe ist ein 2-Wege-Einbauventil eingesetzt.

Grundsätzlich kann man für Druckventile zwei verschiedene Betriebszustände unterscheiden:
1) $p = p_{max}$ = konst. (Druckregelung)
2) $p < p_{max}$ und Anstieg auf $p \geq p_{max}$ (Sicherheitsventil)
Es werden zwei verschiedene Betriebsverhalten untersucht:

- das statische Verhalten

- das dynamische Verhalten

Das statische Verhalten eines Druckventils ist bestimmt durch die konstruktive Ausführung des Ventils bzw. die davon abhängigen Größen wie Durchflußcharakteristiken, Federkräfte, Strömungskräfte und Reibkräfte. Es wird beschrieben durch das Druck-Volumenstrom-Kennfeld. Die in Schließrichtung wirkenden und mit dem Volumenstrom zunehmenden Feder- und Strömungskräfte an der Hauptstufe verursachen ein Ansteigen des zu begrenzenden Systemdrukkes p_A. Außerdem wird der Druckanstieg beeinflußt durch die Betriebsweise der Vorsteuerstufe und durch die Durchflußcharakteristik und Anordnung der konstanten Strömungswiderstände in der Vorsteuerung. Gefordert ist ein möglichst vom Volumenstrom unabhängiger Druckverlauf bzw. eine waagerechte Druckkennlinie, damit ein vorgegebener Solldruck im gesamten Betriebsbereich des Ventils eingehalten wird. Um den Einfluß verschiedener Parameter auf das statische Verhalten anschaulich darstellen zu können, wird die Änderung des Druckes, bezogen auf eine bestimmte Volumenstromänderung, durch die "Regelabweichung" angegeben. Da das statische Verhalten entscheidend von der Höhe der Strömungskräfte an der Hauptstufe bestimmt ist, wird die theoretische und experimentelle Ermittlung der Strömungskräfte für verschiedene Hauptstufenausführungen ausführlich behandelt.

Das dynamische Verhalten eines Druckventils wird gekennzeichnet durch seine Reaktion auf plötzliche Änderungen des Volumenstroms oder Druckes. Das Ventil soll möglichst rasch auf diese Änderungen reagieren und ohne Druckspitzen gut gedämpft auf den Sollwert einschwingen. Während das statische Verhalten ausschließlich von der Ventilkonstruktion selbst bestimmt ist, wird das dynamische Verhalten außerdem von dem gesamten Leitungsvolumen vor dem Ventil beeinflußt. Es kann somit nicht isoliert, sondern nur im Zusammenhang mit dem dazugehörigen Leitungssystem untersucht werden.

Das dynamische Verhalten läßt sich anhand von Sprungantworten oder Frequenzgängen beurteilen. Die Sprungerregung hat gegenüber der schwieriger zu realisierenden Frequenzgangmethode den Vorteil, daß nicht nur die Eigenfrequenzen mit Resonanzstellen und der Dämpfungsgrad der Druckschwingung, sondern zusätzlich als wichtige Kenngröße die maximalen Druckspitzen aus den Sprungantworten ausgewertet werden können. Daher werden in dieser Untersuchung Sprungantworten aufgrund von Störgrößensprüngen (sprungartiger Anstieg oder Abfall des Volumenstromes durch das Ventil) und aufgrund von Führungsgrößensprüngen (sprungartige Änderung der Federvorspannung der Hauptstufe) aufgenommen und die charakteristischen dynamischen Kenngrößen Dämpfungsgrad, Frequenz und Druckspitze ausgewertet. Ziel der Untersuchung des dynamischen Verhaltens ist es, den Einfluß der verschiedenen Parameter auf das Ventilverhalten zu ermitteln und mit Hilfe der Kenngrößen anzugeben.

Die Vorgehensweise bei diesen Untersuchungen soll anhand von Bild 1.3 erläutert werden. Im oberen Teil des Bildes sind drei typische Ausführungsarten von handelsüblichen Druckbegrenzungsventilen mit mechanischer Sollwertvorgabe dargestellt.

Ein wesentlicher Arbeitsabschnitt beinhaltet die experimentelle Untersuchung der Teilkomponenten wie Vorstufe, Hauptstufe und Strömungswiderstände sowie der Gesamtventile. Zu diesem Zweck muß ein geeigneter Prüfstand aufgebaut werden, mit dem die relevanten Kennwerte unterschiedlicher Druckbegrenzungsventiltypen experimentell zu ermitteln sind. Besonders wichtig ist z.B. die Erfassung konstruktiver Daten und hydraulisch-mechanischer Zusammenhänge wie Strömungsverläufe für verschiedene Kolbengeometrien sowie der Daten für hydraulische Widerstände und Kapazitäten in Steuer- und Energiekreis.

Parallel zu den experimentellen Untersuchungen wird ein mathematisches Modell zur Beschreibung der Funktion der Ventiltypen entwickelt. Hierzu ist es u.a. notwendig, die experimentell ermittelten Widerstandscharakteristiken, Strömungskraftverläufe sowie die Kompressibilität des Systems Flüssigkeit-Leitung durch geeignete Näherungsfunktionen zu beschreiben und zusammen mit den übrigen Kennwerten in das mathematische Gleichungssystem einzufügen.

Mit Hilfe des mathematischen Modells kann ein Analogrechner programmiert werden, mit dem die Simulation des statischen und dynamischen Verhaltens der Ventile durchgeführt wird.

Die Überprüfung des Rechnermodells muß durch einen Vergleich bestimmter gerechneter und gemessener Testfunktionen erfolgen. Hierzu werden die Kennlinienfelder der Ventile experimentell ermittelt. Ebenfalls wird das dynamische Verhalten durch geeignete Versuche (Sprungantworten aufgrund von Störgrößen- oder Führungsgrößensprüngen) bestimmt. Unter möglichst genau gleichen Randbedingungen wird das Verhalten der Versuchsobjekte am Analogrechner simuliert, so daß ein direkter Vergleich zwischen Messung und Rechnung möglich ist. Bei auftretenden Abweichungen müssen zunächst anhand der Art der Abweichung die Fehlerquellen lokalisiert werden. Fehler können auftreten bei den gemessenen Ventilkennwerten, im mathematischen Modell und in der Analogrechnerschaltung. Sie sind soweit zu korrigieren, bis eine hinreichend genaue Simulation des Ventilverhaltens im gesamten Betriebsbereich erfolgen kann.

Der nächste Schritt besteht darin, in Rechnerstudien den Einfluß von Konstruktions- und Betriebsparametern auf das Verhalten der Bauelemente festzustellen. Die Rechnerergebnisse werden durch gezielte Messungen am Prüfstand kontrolliert. Dadurch läßt sich das Ausmaß langwieriger und schwieriger Prüfstanduntersuchungen reduzieren. Die Ergebnisse können z.B. zur Optimierung des statischen und dynamischen Betriebsverhaltens von Druckventilen herangezogen werden.

Um systematisch Parameterstudien durchführen zu können, wird in Anlehnung an die handelsüblichen Ventile das System "vorgesteuertes Druckbegrenzungsventil" in drei Module aufgeteilt: Vorsteuerstufe, Widerstandsnetzwerk in der Vorsteuerung und Hauptstufe (Bild 1.4). Diese drei Module können konstruktiv unterschiedlich ausgelegt und miteinander kombiniert werden; ein Beispiel dafür ist im rechten Teil des Bildes gezeigt. Die untersuchten handelsüblichen Ventile mit mechanischer Vorsteuerstufe sind in Bild 1.3 oben dargestellt und mit Typ I, II und III gekennzeichnet. Um den Einfluß der verschiedenen Hauptstufenausführungen bei sonst gleichem Ventil zu testen, sind die in Bild 1.4 dargestellten Kolben-Hülsenausführungen für das Ventil des Typs III konstruiert worden. Damit ergeben sich gemäß der Numerierung der Hauptstufenausführung die Bezeichnungen III/1, III/2 und III/3. Bei III/1 liegt ein kegeliger Ventilkolben auf einem scharfkantigen Sitz auf. Das Flächenverhältnis A_A/A_X ist < 1. Der zylindrische Kolben III/2 bildet mit einem in die Hülse eingearbeiteten Kegelsitz eine scharfe Dichtkante ($A_A/A_X = 1$). Durch Abstufung des Kolbens am Führungsende kann bei gleicher Sitzgeometrie wie bei III/2 ein Flächenverhältnis $A_A/A_X<1$ erreicht werden. Diese Ausführung wird mit III/3 bezeichnet.

Die Anschlüsse der Strömungswiderstandsnetzwerke werden zur Verdeutlichung ihrer Systematik durch die Anschlußbezeichnungen V, A und X der Vor- und Hauptstufe gekennzeichnet. Üblicherweise wird das Steueröl zur Vorstufe entweder seitlich durch das Ventilgehäuse über einen zwischen den Anschlüssen A und V liegenden Widerstand R_1 oder direkt durch den Kolbenboden der Hauptstufe über einen zwischen A und X liegenden Widerstand R_H geleitet. Der Unterschied zwischen beiden Schaltungen wird am Widerstand R_2 deutlich, der in der Schaltung mit R_H vom gesamten Volumenstrom der Vorstufe durchflossen wird, während R_2 im Zusammenhang mit R_1 nur von dem bei einer Bewegung der Hauptstufe verdrängten Öl durchströmt wird. Beide Widerstandsnetzwerke ermöglichen durch Kombination ein zusätzliches Widerstandsnetzwerk 3 mit R_1, R_H, R_2. Da der Widerstand R_H im Kolbenboden der Hauptstufe aufgrund der Schaltungssystematik zwischen den Anschlüssen A und X liegt, wird er bei der systematischen Darstellung in den Widerstandsblock einbezogen und ist somit identisch mit Widerstand R_3.

Bild 1.4 zeigt drei unterschiedliche Ausführungsarten der Vorsteuerstufe. Die Bewegung der Vorstufenkegel wird gedämpft durch einen mit einer Feder gegen den Kegel gedrückten Dämpfungskolben oder mit einem fest mit dem Kegel verbundenen Dämpfungskolben; vielfach besitzt der Kegel keine spezielle Dämpfungseinrichtung. Im letzten Fall wirkt nur die Eigendämpfung durch das am Kegel entlangströmende Fluid.

Storr /7/ hat bereits festgestellt, daß bei Auftreten höherer Regelabweichungen das dynamische Verhalten eine größere Stabilität aufweist. Aus diesem Grunde wird bei vielen Ventilbauarten bewußt zur Erzielung hinreichender Stabilität ein schlechteres Regelverhalten zugelassen.

Die bei der Untersuchung der mechanisch vorgesteuerten Druckventile gewonnenen Ergebnisse sollen ebenfalls dazu dienen, das statische und dynamische Verhalten von Druckbegrenzungsventilen mit elektrischer Vorsteuerstufe zu beurteilen. Auf dem speziell für Druckventile entwickelten Prüfstand werden handelsübliche Ausführungen elektrisch vorgesteuerter Druckbegrenzungsventile untersucht, deren Bauart die wichtigsten unterschiedlichen Konstruktionsprinzipien aufweisen. Dabei werden sowohl Ventile ausgewählt, die in mehreren Konstruktionsparametern wie z.B. der Kolben-Sitz-Geometrie der Hauptstufe mit den mechanischen Ventilen übereinstimmen, als auch Ventile mit generell anderen Konstruktionsmerkmalen. Diese Untersuchung ermöglicht somit die Beschreibung des unterschiedlichen Verhaltens zwischen den mechanischen und den elektrischen Druckventilen als auch der elektrischen Ventile untereinander. Analog zur Einteilung der mechanischen Hauptstufenausführungen erhalten die elektrischen Druckventile die Bezeichnungen IIel., IIIel., IVel. und Vel.. Eine weitere, ausführlichere Beschreibung der elektrischen Ventile mit den erforderlichen Abbildungen erfolgt in Kapitel 8.

Es ist das Ziel dieser Untersuchung

1) durch systematische Untersuchung der Einflußgrößen auf das statische Verhalten das Regelverhalten zu optimieren. Da die Strömungskräfte einen bedeutenden Einfluß auf die Regelabweichung eines Druckventils haben, befaßt sich ein wesentlicher Teil dieser Arbeit mit der Untersuchung der Strömungskräfte an verschiedenen Hauptstufenausführungen.

2) die aus dem statisch optimierten System folgenden verschlechterten Stabilitätseigenschaften nach gezielter Untersuchung von Dämpfungsmaßnahmen zu verbessern. Dazu ist es notwendig, die besten Dämpfungsmöglichkeiten zu erarbeiten und die Verbesserungsmöglichkeiten durch schaltungstechnische Maßnahmen zu erweitern.

3) mit den ausführlichen Ergebnisssen, die die rechnerische und meßtechnische Untersuchung der mechanischen Druckventile liefert, das Verhalten unterschiedlicher, elektrisch angesteuerter Druckventile zu untersuchen. Dabei sollen die besonderen Eigenschaften, Merkmale und Einsatzgrenzen der elektrischen Ventile im Vergleich zu den mechanischen dargestellt werden.

2. Mathematisches Modell

In der Prinzipskizze eines vorgesteuerten Druckbegrenzungsventils (Bild 1.2) sind die für die mathematische Beschreibung des Ventilverhaltens notwendigen Bezeichnungen bereits angegeben.

Bild 2.1 zeigt die Zuordnung analytischer Gesetzmäßigkeiten zu den einzelnen Bauteilen des Ventils. Allgemeingültige Gleichungen für die Verknüpfung der einzelnen Funktionen werden im folgenden genannt, während die detailliertere Beschreibung z.B. der Durchflußgesetze oder Strömungskräfte in besonderen Kapiteln erfolgt.

Das mathematische Modell ist, gemäß den Einsatzfällen für Druckventile, volumenstromorientiert, d.h. Volumenströme liegen vor und Drücke werden gebildet. Vereinfachend wird angenommen, daß sich zwischen hydraulischen Widerständen beliebiger Art ein kompaktes Volumen befindet, in das Volumenströme ein- oder ausfliessen. Nach der Kontinuitätsbedingung muß die Summe der zu- und abfließenden Ströme stets Null sein. Für den Raum V_{oP} zwischen Pumpe, Last, Hauptstufe und den blendenartigen Widerständen R_1 lautet die Volumenstrombilanz:

$$Q_P - Q_L - Q_H - Q_{R1} - Q_{R3} - Q_{Komp} = o \qquad (2.1)$$

$$Q_{Komp} = \frac{V_{oP}}{E_{öl}(p_A)} \cdot \frac{dp_A}{dt} \qquad (2.2)$$

Setzt man Gleichung (2.2) in (2.1) ein, so ergibt sich:

$$(Q_P - Q_L - Q_H - Q_{R1} - Q_{R3}) \cdot \frac{E_{öl}(p_A)}{V_{oP}} = \frac{dp_A}{dt} = \dot{p}_A \qquad (2.3)$$

Der Druck in dem betrachteten Volumen V_{oP} steigt an, wenn mehr Drucköl zu- als abströmt. Der Faktor

$$\frac{V_{oP}}{E_{öl}(p_A)} = C_{HP}\ (p_A) \qquad (2.4)$$

wird als hydraulische Kapazität bezeichnet. Je größer die Kapazität, d. h. je größer das Volumen und je kleiner der Kompressionsmodul des Mediums ist, desto geringer ist die Druckanstiegsgeschwindigkeit.

In gleicher Weise läßt sich auch für den Raum vor dem Vorstufenkegel folgende Beziehung aufstellen:

$$(Q_{R1} - Q_{R2} - Q_V) \cdot \frac{E_{ölV}}{V_{oV}} = \dot{p}_V \qquad (2.5)$$

Für den Steuerraum oberhalb der Hauptstufe gilt:

$$(Q_{R2} + \frac{\pi d^2_X}{4} \cdot \dot{x}) \cdot \frac{E_{ölX}}{V_{oX}} = \dot{p}_X \qquad (2.6)$$

Der Anstieg des Druckes p_X erfolgt aus zwei unterschiedlichen Gründen:

- Zufließen des Öles durch den Widerstand R_2 in den Steuerraum V_{oX}
- Verkleinerung des Volumens V_{oX} bei Bewegung der Hauptstufe in positive Richtung (Öffnungsrichtung).

Für den Steuerraum wird in erster Näherung das Volumen V_{oX} konstant angenommen, da es sich durch die Bewegung des Kolbens nur um ca. 1% ändert.

Nach Bernoulli läßt sich das Durchflußgesetz für variable Strömungswiderstände beschreiben als

$$Q = \alpha_D \cdot A_S(x) \cdot \sqrt{\frac{2}{\rho} \cdot \Delta p} \qquad (2.7)$$

Die Durchtrittsfläche $A_S(x)$ für kegelige Kolben stellt eine Kegelstumpfmantelfläche dar (Bild 2.2a):

$$A_S(x) = \pi x \sin \beta \, (d_A - \frac{x}{2} \sin 2\beta) \qquad (2.8)$$

Bei den zylindrischen Kolben mit kegeligem Hülsensitz (Ausführungen 2 und 3) lautet die entsprechende Beziehung (Bild 2.2b):

$$A_S(x) = \pi x \sin \beta \, (d_A + \frac{x}{2} \sin 2\beta) \qquad (2.9)$$

Für Kegelwinkel $\beta \leq 2o^o$ und Kolbenöffnungen $x \leq 1$ mm beträgt der zweite Term in der Klammer, z. B. bei $d_A = 2o$ mm, nur 1,6 % des ersten Terms, sodaß er in der Durchflußgleichung vernachlässigt werden kann. Damit ergeben sich für die Vorsteuer- und Hauptstufe aus (2.7) und (2.8) folgende Durchflußgleichungen:

$$Q_V = \alpha_{DV}(Re_V) \cdot \pi \cdot d_{SV} \cdot y \cdot \sin\beta_V \sqrt{\frac{2}{\rho}(p_V - p_{RV})} \qquad (2.10)$$

und

$$Q_H = \alpha_{DH}(Re_H) \cdot \pi \cdot d_A \cdot x \cdot \sin\beta_H \sqrt{\frac{2}{\rho}(p_A - p_{RH})} \qquad (2.11)$$

Auf die Abhängigkeit der Durchflußkoeffizienten α_{DV} und α_{DH} von der Reynolds'schen Zahl wird in den Kapitels 3.3.2 und 3.4.2 näher eingegangen.

Die konstanten Strömungswiderstände R_i werden ebenfalls nach dem Durchflußgesetz (2.7) beschrieben:

$$Q_{Ri} = \alpha_{DRi} \frac{\pi \cdot d^2_{Ri}}{4} \cdot \sqrt{\frac{2}{\rho} \Delta p(Ri)} \qquad (2.12)$$

Da die Durchflußcharakteristik dieser Widerstände entscheidenden Einfluß auf das Ventilverhalten hat, wird sie in Kapitel 3.1 ausführlich behandelt.

Das Bewegungsverhalten der Kolben wird durch eine Kräftebilanz am Kolben angegeben. Die Summe aller am Kolben auftretenden Kräfte muß zu jeder Zeit null sein. Auf den Kegel der Vorstufe wirkt in öffnender Richtung nur die Druckkraft F_{pV}.

Die Wirkfläche des Druckes auf einen Kolbenkegel ändert sich hubabhängig. Im Gegensatz zu bisherigen Arbeiten [1,2,8] wird sie deshalb nicht durch einen Sitzdurchmesser vorgegeben, sondern durch den Kolbenkegeldurchmesser, der durch das Auftreffen des Lotes von der Sitzkante auf die Kolbenkegelfläche bestimmt ist. In Bild 2.2a ist für die Hauptstufe der so entstehende Durchmesser $d_S(x)$ gezeigt. Entsprechend ergibt sich an der Vorsteuerstufe der Durchmesser $d_{SV}(y)$. Somit gilt:

$$F_{pV} = p_V \cdot \frac{\pi \, d^2_{SV}(y)}{4} \tag{2.13}$$

In schließende Richtung wirken eine konstante Federvorspannkraft und eine mit dem Hub y zunehmende Federkraft:

$$F_{Fo} + F_F = c_{FV} \cdot (y_{VS} + y) \tag{2.14}$$

Ebenso übt der oft nicht zu vernachlässigende Rückdruck eine Kraft in schließende Richtung aus:

$$F_{pRV} = p_{RV} \cdot \frac{\pi \, d^2_{SV}(y)}{4} \tag{2.15}$$

Die Strömungskraft an der Vorsteuerstufe F_{StrV} wird in Kapitel 3.3.3 beschrieben.

Die Beschleunigungs- und Dämpfungskräfte sind stets der Bewegungsrichtung entgegengesetzt:

$$F_B = m_V \cdot \ddot{y} \tag{2.16}$$

$$F_D = d_V \cdot \dot{y} \tag{2.17}$$

Folgende Kräftebilanz kennzeichnet die Bewegung der Vorsteuerstufe:

$$F_{pV} - F_{Fo} - F_F - F_{pRV} - F_{StrV} - F_B - F_D = o \tag{2.18}$$

Durch Einsetzen der Terme aus den Gleichungen (2.13) bis (2.17) in (2.18) ergibt sich eine Differentialgleichung zweiter Ordnung:

$$m\ddot{y} = -d_V \cdot \dot{y} - c_{FV}(y_{VS}+y) + \frac{\pi \, d^2_{SV}(y)}{4} (p_V - p_{RV}) - F_{StrV} \tag{2.19}$$

Für die Bewegung der Hauptstufe läßt sich z.B. im Falle der kegeligen Hauptstufenausführung 1 eine der Beziehung für die Vorstufe (2.19) analoge Gleichung aufstellen:

$$m\ddot{x} = -d_H\dot{x} - c_{FH}(x_{VS}+x) + \frac{\pi d^2_A(x)}{4} \cdot p_A$$

$$- \frac{\pi d^2_X}{4} \cdot p_X + \frac{\pi}{4}(d^2_X - d^2_A(x)) \cdot p_{RH} - F_{StrH} \qquad (2.2o)$$

Die Strömungskraft F_{StrH} wird in Kapitel 3.4.4 beschrieben. Es wird angenommen, daß der Rückdruck auf eine Ringfläche

$$A_B(x) = \frac{\pi}{4}(d^2_X - d^2_A(x)) \qquad (2.21)$$

(s. Bild 2.2a) wirkt.

Bei den zylindrischen Hauptstufenausführungen 2 und 3 sind die Druckwirkflächen nicht hubabhängig, sondern durch den Kolbendurchmesser d_A vorgegeben, der somit in (2.2o) anstelle von $d_A(x)$ einzusetzen ist. Für die Ausführung 2 mit dem Flächenverhältnis $A_A/A_X = 1$ ($d_A = d_X$) ist die Ringfläche $A_B(x) = o$, so daß der entsprechende Term in (2.2o) entfällt. Der Rückdruck hat dann keine Kraftwirkung auf den Kolben.

Mit Hilfe der in diesem Kapitel dargestellten Gleichungen läßt sich das statische und dynamische Verhalten vorgesteuerter Druckbegrenzungsventile mathematisch beschreiben.

2.1 Blockschaltbild eines vorgesteuerten Druckbegrenzungsventiles

Für das System Ventil-Leitung kann ein Blockschaltbild entwickelt werden, das den funktionalen Zusammenhang der aufgestellten Gleichung wiedergibt (Bild 2.3).

Das Ventil bildet zusammen mit dem Leitungssystem einen Regelkreis, in dem das Ventil den Regler und die Leitung die Regelstrecke darstellen. Weiter ist dem Bild 2.3 zu entnehmen, daß Vor- und Hauptstufe regelungstechnisch ähnlich aufgebaut sind. Die Strömungswiderstände stellen die Verbindungsglieder zwischen Vor- und Hauptstufe dar. Ausgehend vom geschlossenen Zustand des Ventils steigt der Druck p_A vor dem Ventil, wenn der Laststrom Q_L aufgrund eines Störgrößensprunges kleiner als der Pumpenstrom Q_P wird. Fast gleichzeitig erhöht sich aber auch der Druck am Vorstufenkegel und im Steuerraum der Hauptstufe, da die hydraulischen Kapazitäten im Ventil klein sind. Das Vorsteuerventil stellt das Meßglied dar. Der Druck auf die Kegelfläche der Vorstufe wird als Druckkraft mit der Federvorspannkraft verglichen (Soll - Istwert-Vergleich). Sobald der vorgegebene Solldruck erreicht ist, öffnet die Vorstufe, und ein Ölstrom fließt zum Tank. Der Druck p_V sinkt; dadurch wird der Druck p_X (Steuergröße für die Hauptstufe) ebenfalls verringert. Das Kraftgleichgewicht an der Hauptstufe ändert sich; der Hauptstufenkolben (Stellglied) bewegt sich in Öffnungsrichtung. Der Druck vor dem Ventil (Regelgröße) wird nun durch Abfließen eines bestimmten Ölstromes zum Tank abgebaut, bis sich am Summenpunkt ein Gleichgewicht aus zufließendem Pumpenstrom und abfließendem Last- und Ventilstrom einstellt.

Aus dem vorliegenden Blockschaltbild ist zu entnehmen, daß die Strömungskraft eine Störgröße im Kraftgleichgewicht der Kolben darstellt; deshalb kommt ihrer Untersuchung besondere Bedeutung zu.

3. Ermittlung der Kenngrößen für das mathematische Modell

Um das Verhalten eines bestimmten Ventiltyps analytisch untersuchen zu können, sind speziell für dieses Ventil neben den rein konstruktiv festgelegten Daten besonders die Durchflußcharakteristiken der konstanten und variablen Widerstände, dargestellt durch die nichtlinearen Zusammenhänge $\alpha_D = f(Re)$, und die Strömungskräfte $F_{Str} = f(Q,x)$ sowie die prüfstandsbedingte Höhe des Ersatzkompressibilitätsmoduls $E'_{öl} = F(p)$ experimentell zu ermitteln. Diese Kenngrößen sind gegebenenfalls durch Näherungsfunktionen zu beschreiben und in das mathematische Modell einzufügen.

3.1 Untersuchung von Strömungswiderständen

Jedes vorgesteuerte Druckbegrenzungsventil der vorgestellten Bauart besitzt mindestens einen Strömungswiderstand R_i (vgl. Bild 1.4), der zum einen den Volumenstrom zur Vorsteuerstufe bestimmt und zum anderen die für das Öffnen der Hauptstufe notwendige Druckdifferenz $(p_A - p_X)$ erzeugt. Dieser Widerstand kann, wie z.B. R_1, im Steuerölkanal zwischen dem Hauptstufeneinlauf und der Vorsteuerstufe liegen oder aber, wie z.B. R_H, im Kolbenboden angebracht sein. Weiter ist häufig ein Widerstand R_2 oberhalb der Hauptstufe eingesetzt, der die Bewegung des Hauptstufenkolbens dämpfen soll und dabei wechselseitig durchströmt wird. Diese Widerstände beeinflussen das statische und dynamische Verhalten der Ventile in entscheidendem Maße, so daß ihre genaue Untersuchung notwendig ist.

In handelsüblichen Ventilen befinden sich häufig einfach durchbohrte Innensechskantschrauben als Strömungswiderstände. Das Durchflußgesetz derartiger Widerstände kann nur schwer im voraus bestimmt werden, da sich z.B. die Form der Einlaufkante, das l/do-Verhältnis und die Wandrauhigkeit im Strömungskanal bei der Fertigung der Widerstände zufällig ergeben. Riedel [9] unterteilt in seiner Dissertation derartige Strömungswiderstände nach ihrem $l/_{do}$-Verhältnis:

1) $l/_{do} < 0{,}5$

2) $0{,}5 < l/_{do} < 1{,}5$

3) $l/_{do} > 1{,}5$

Da bei Ventilen kleiner und mittlerer Nenngröße Blenden mit Durchmessern zwischen o,8 und 1,2 mm verwendet werden, würde bei einem $l/_{do}$ - Verhältnis < o,5 die Länge der Drosselbohrung (1) aus Festigkeitsgründen zu kurz. Daher bleiben derartige Widerstände in der folgenden Betrachtung unberücksichtigt.

Messungen an einfachen Widerständen (Bild 3.1a) mit einem $l/_{do}$ - Verhältnis zwischen o,5 und 1,5 haben gezeigt, daß der Volumenstrom bei gleicher anliegender Druckdifferenz in Abhängigkeit von der Durchströmrichtung wegen unterschiedlicher Verluste auch unterschiedliche Verläufe aufweist. Die Strahleinschnürung im engsten Querschnitt und die Vermischungsverluste bei Übergang auf den erweiterten Ausflußquerschnitt nehmen, abhängig von der Durchflußrichtung, andere Werte an. Außerdem zeigen die Kennlinien sprungartige Volumenstromänderungen. Riedel /9/ führt dies bei den Widerständen mit einem $l/_{do}$ - Verhältnis zwischen o,5 und 1,5 auf das Anlegen der Strömung an die Wandung des Drosselkanals bzw. auf das Abreißen der Strömung zurück. Bei Anlegen der Strömung kommt es zu einer Druckrückgewinnung und damit zu sprungartiger Erhöhung des Volumenstroms.

Da die Durchflußcharakteristik dieser Widerstände nur schwer analytisch beschreibbar ist, wurden in die Versuchsventile symmetrische Widerstände mit einem l/d_o - Verhältnis von 1,7 eingesetzt. Durch ein elektroerosives Herstellungsverfahren sind scharfkantige Ein- und Auslaufquerschnitte und geringe Wandrauhigkeiten im Widerstandskanal realisiert worden. Bild 3.16 zeigt einen derartigen Widerstand. Die Durchflußkennlinie ist für beide Strömungsrichtungen gleich und hat einen glatten Verlauf.

3.1.1 Mathematische Beschreibung der Widerstandscharakteristik

Für Strömungswiderstände mit einem $l/_{do}$ - Verhältnis $> 1,5$ hat Lichtarowicz /1o/ eine Beziehung zur Berechnung des Durchflußkoeffizienten α_D entwickelt, die das $l/_{do}$ - Verhältnis berücksichtigt:

$$\frac{1}{\alpha_D} = \frac{1}{\alpha_{Dmax}} + \frac{2o}{Re} \quad (1+2,25\ l/_{do}) \qquad (3.1)$$

Diese Gleichung kann für Re = 1o bis 2oooo und l/d_o = 1,5 bis 1o angewendet werden. Der maximale Durchflußbeiwert $\alpha_{D\ max}$ enthält nach /8/ Reibungs- und Vermischungsverluste. Da die Reibungsverluste rechnerisch nur schwer bestimmbar sind, wird $\alpha_{D\ max}$ direkt meßtechnisch ermittelt. Dieser Wert kann für Widerstände unterschiedlichen Durchmessers d_o jeweils aus dem Betriebspunkt Q^*_{max}, Δp^* (s. Bild 3.1b) errechnet werden. In Bild 3.2 sind die maximalen α_D-Werte in Abhängigkeit vom Blendendurchmesser d_o dargestellt.

Da aus der Streuung keine Tendenz zu erkennen ist, wird ein mittlerer Wert $\alpha_{D\,max}$ = o,83 bestimmt und in Gleichung (3.1) eingesetzt.

Die Reynoldszahl gibt das Verhältnis von Trägheits- zu Zähigkeitskräften an. Für kreisrunde Querschnitte gilt:

$$Re = \frac{v \cdot d_{Hyd}}{\nu} = \frac{Q \cdot 4A}{A . U \cdot \nu} = \frac{4Q}{\pi\, d\, \nu} \qquad (3.2)$$

wobei für die mittlere Strömungsgeschwindigkeit $v = \frac{Q}{A}$ und für den hydraulischen Durchmesser $d_{Hyd} = \frac{4A}{U}$ (A = Fläche, U = Umfang des kreisrunden Querschnitts) gesetzt wird.

Durch Einsetzen der Gleichungen (3.1) und (3.2) in die allgemeine Durchflußbeziehung für Blenden

$$Q = \alpha_D \cdot \frac{\pi\, d_o^2}{4} \cdot \sqrt{\frac{2}{\rho} \cdot \Delta p} \qquad (3.3)$$

ergibt sich nach entsprechender Umformung:

$$Q = \alpha_{Dmax} \cdot \frac{\pi\, d_o^2}{4} \cdot \sqrt{\frac{2}{\rho}\, p\, \Delta} - \alpha_{Dmax} \cdot 5\, \pi\, d_o\, \nu (1 + 2{,}25\; l/d_o) \qquad (3.4)$$

Der zweite Teil dieser Gleichung berücksichtigt Strömungsverluste, die durch Einwirkung von Zähigkeitskräften entstehen. Eine Abhängigkeit dieses Laminaranteils vom Betriebspunkt wird dabei nicht berücksichtigt. Gleichung (3.4) gilt daher auch nur für Reynoldszahlen > 10, bei denen der turbulente Strömungsanteil den laminaren überwiegt. Um Gleichung (3.4) auch für kleine Werte von Re anwenden zu können, wird ein Korrekturterm eingefügt, der berücksichtigt, daß für $\Delta p = 0$ der Volumenstrom $Q = 0$ ist.

$$Q = \alpha_{Dmax} \cdot \frac{\pi d_o^2}{4} \sqrt{\frac{2}{\rho} \Delta p + k_{Korr}} - \alpha_{Dmax} \cdot 5 \pi d_o \nu (1+2,25\ l/_{do}) \qquad (3.5)$$

Für $Q = 0$, $\Delta p = 0$ ergibt sich:

$$k_{Korr} = \left(\frac{20\nu}{d_o} \cdot (1+2,25\ l/do) \right)^2 \qquad (3.6)$$

Durch Einsetzen von k_{Korr} erhält man dann eine für den gesamten Reynoldbereich anwendbare Durchflußgleichung:

$$Q = \alpha_{Dmax} \cdot \frac{\pi d_o^2}{4} \sqrt{\frac{2}{\rho} \Delta p + \left(\frac{20\nu}{d_o} (1+2,25\ l/_{do}) \right)^2} - \alpha_{Dmax} 5 \pi d_o \nu (1+2,25\ l/_{do}) \qquad (3.7)$$

Zum besseren Verständnis des physikalischen Zusammenhangs der mit Gleichung (3.7) dargestellten empirischen Durchflußgleichung sei auf die folgende Herleitung verwiesen. Man kann einen technischen Widerstand auffassen als eine Reihenschaltung eines Laminar- und eines Turbulenzwiderstandes. Für diese Reihenschaltung läßt sich eine Beziehung ableiten, die der vorgestellten vergleichbar ist. Die Herleitung soll beide Durchflußrichtungen berücksichtigen:

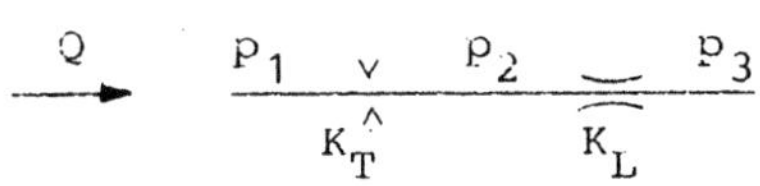

Für den Widerstand mit turbulenter Strömung gilt:

$$Q_{12} = \frac{\pi d^2}{4} \alpha_T \sqrt{\frac{2}{\rho}} \operatorname{sign} (p_2 - p_1) \cdot \sqrt{|p_1 - p_2|} \qquad (3.8)$$

$$Q_{12} = K_T \operatorname{sign} (p_2 - p_1) \cdot \sqrt{|p_1 - p_2|} \qquad (3.9)$$

mit

$$K_T = \frac{\pi d^2}{4} \alpha_T \cdot \sqrt{\frac{2}{\rho}} \qquad (3.1o)$$

Für den Widerstand mit laminarer Strömung gilt:

$$Q_{23} = \frac{\pi d^4}{128 \eta l} (p_2 - p_3) \qquad (3.11)$$

$$Q_{23} = K_L (p_2 - p_3) \text{ mit } K_L = \frac{\pi d^4}{128 \eta l} \qquad (3.12)$$

Beide Widerstände werden zusammengefaßt und $Q = Q_{12} = Q_{23}$ und $\Delta p = p_1 - p_3$ gesetzt.

$$Q = K_T \operatorname{sign}(p_1 - p_3) \cdot \sqrt{\left|p_1 - \frac{Q}{K_L} - p_3\right|} \qquad (3.13)$$

Durch Umstellen ergibt sich:

$$Q = \operatorname{sign}(\Delta p) \left[\sqrt{K_T^2 |\Delta p| + \frac{K_T^4}{4K_L^2}} - \frac{K_T^2}{2K_L} \right] \qquad (3.14)$$

Sowohl Gleichung (3.7) wie (3.14) haben die Form $Q = \sqrt{k_1 \cdot \Delta p + k_2} - k_3$. Aus dem Vergleich ist also zu erkennen, daß auch die Gleichung (3.7) einen Strömungswiderstand mit teils laminarer und teils turbulenter Strömungscharakteristik beschreibt.

3.1.2 Vergleich gemessener und gerechneter Widerstandscharakteristik

Wie schon eingangs erwähnt wurde, soll die analytische Untersuchung des Verhaltens der Druckventile mit einem Analogrechner erfolgen. Hier wird eine einfache Analogrechnerschaltung vorgestellt, mit der nicht nur der wurzelförmige Zusammenhang $Q = k \cdot \sqrt{\Delta p}$, sondern auch die in Gleichung (3.7) genannte Beziehung $Q=\sqrt{k_1 \cdot \Delta p + k_2^2} - k_2$ berechnet werden kann. Die entsprechende Analogrechnerschaltung in Bild 3.3 enthält eine zusätzliche, über ein einstellbares Potentiometer gelegte Rückführung des zum Wurzelzieher gehörenden offenen Verstärkers.

Dieser Schaltung liegt die folgende Beziehung zugrunde:

$$\frac{U_A}{U_{max}} = \text{sign}\ (U_E) \cdot \left(\sqrt{\left| a \cdot \frac{U_E}{U_{max}} \right| + \left(\frac{b}{2} \right)^2} - \frac{b}{2} \right) \tag{3.15}$$

a = Wert von Potentiometer A; b = Wert von Potentiometer B

Durch Koeffizientenvergleich mit der für die Analogrechnerberechnung notwendigen normierten Form von Gleichung (3.7)

$$Q = \sqrt{\frac{\alpha_{Dmax}\ \pi d_o^2}{4\ Q_{max}} \cdot \frac{2\ p_{max}}{\rho} \cdot \Delta \bar{p} + \left(\frac{\alpha_{Dmax} \cdot 5\ \pi d_o \nu (1+2.25\ 1/_{do})}{Q_{max}} \right)^2}$$

$$- \frac{\alpha_{Dmax}\ 5\pi\ d_o \nu\ (1 + 2{,}25\ 1/_{do})}{Q_{max}} \tag{3.16}$$

erhält man die Potentiometerwerte:

$$a = \left(\frac{\alpha_{Dmax}\ \pi\ d_o}{4\ Q_{max}} \right)^2 \cdot \frac{2 p max}{\rho} \tag{3.17}$$

$$b = \frac{2\ \alpha_{Dmax}\ 5\ \pi\ d_o \nu\ (1+2{,}25\ 1/_{do})}{Q_{max}} \tag{3.18}$$

Bild 3.4 zeigt die nach Gleichung (3.7) gerechnete und die im Versuchsfeld ermittelte Durchflußcharakteristik für Strömungswiderstände unterschiedlichen Durchmessers. Mit Hilfe der Näherungsfunktion (3.7) kann das Durchflußverhalten der Widerstände hinreichend genau beschrieben werden. Die Meßergebnisse zeigen für kleinere Δp nahezu linear ansteigende Kurven, wodurch der teils laminare Charakter der Strömung zum Ausdruck kommt.

Gerade in diesem Bereich ist die Annäherung nach Gleichung (3.7) besser als nach einer einfachen Beziehung $Q = k \cdot \sqrt{\Delta p}$. Weiter zeigen die gemessenen Kurven, daß ab einem bestimmten Δp der Volumenstrom nicht weiter ansteigt, also Kavitation eingesetzt hat.

An dieser Stelle sei auf die stets anzuwendende Versuchsmethode hingewiesen. Eine Druckdifferenz Δp und damit ein Volumenstrom Q kann

1) erzeugt werden durch Erhöhung des Druckes p_1 vor dem Widerstand (p_2 = o) und

2) durch Absenken des Druckes p_2 bei konstantem Druck p_1.

Die nach beiden Methoden gemessenen Durchflußkennlinien weichen jedoch beträchtlich voneinander ab. Bild 3.5 zeigt die für kleine Δp identisch verlaufenden Kurven. Ab einem bestimmten Δp setzt bei der Messung ohne Gegendruck ($p_2 \neq$ o) Kavitation ein, ohne daß dies durch einen Knick in der Kennlinie noch durch lautes Kavitationsgeräusch bemerkbar wird. Bei dem Versuch mit Gegendurck (p_2 = o) verläuft die Kurve steiler bis zu einem bestimmten Δp an, an dem plötzlich Kavitation einsetzt. Der Volumenstrom kann trotz Erhöhung der Druckdifferenz nicht weiter gesteigert werden.

Die Kennlinien der Versuchswiderstände wurden nach der zweiten Methode gemessen.

3.2 Bestimmung der hydraulischen Kapazitäten

Der Druckanstieg in einem hydraulischen System ist definiert als

$$\dot{p} = \frac{1}{C_H} \cdot \Sigma Q \qquad (3.19)$$

Darin stellt der Faktor C_H die hydraulische Kapzität dar:

$$C_H = \frac{V_o}{E'_{öl}} \qquad (3.2o)$$

V_o ist das Volumen, in dem durch Zu- und Abfließen der Ölströme der Druck ansteigt oder absinkt. Der Ersatzkompressibilitätsmodul $E'_{öl}$ des Öles berücksichtigt neben der Kompressibilität des Öles auch die Elastizität der unter Druck stehenden Wandung.

Die rechnerische Erfassung des Ersatzkompressibilitätsmoduls ist äußerst schwierig, da die entsprechenden Volumina nicht nur aus bestimmten Rohrlängen bestehen, sondern über Flansche, Steuerspiegel und Umlenkungen bis in die Verdrängerräume der Pumpe reichen. Ebenso ist bei Einsatz flexibler Hochdruckschläuche ein mathematischer Ansatz durch die unterschiedliche Ausdehnung des Schlauchmaterials und deren Anschlußstücke erschwert.

Somit wurde der Ersatzkompressibilitätsmodul von den bei den Versuchen eingesetzten Rohr- und Schlauchleitungen experimentell bestimmt.

Derartige Meßergebnisse sind in Bild 3.6 gezeigt.

Aus dem Vergleich mit der ebenfalls aufgetragenen Linie für die Abhängigkeit des E-Moduls des Druckmediums geht hervor, daß durch die Aufweitung der Wandung der Ersatzkompressibilitätsmodul $E'_{öl}$ kleinere Werte hat und besonders im unteren Druckbereich eine stärkere Abhängigkeit vom Druck aufweist. Neben der Elastizität des Schlauchmaterials (Kurve II) führt das Vorhandensein ungelöster Luft besonders bei kleinen Drücken ($p < 4o$ bar) zu einer Absenkung des Ersatzkompressibilitätsmoduls.

In Bild 3.6 ist außerdem mit einer für eine Simulation am Analogrechner gut geeigneten Logarithmusfunktion

$$E'_{öl} = E_{öl\ max} \cdot o{,}5 \log 1oo \left(\frac{p + p'}{p_{max}}\right) \qquad (3.21)$$

der Verlauf der Meßpunkte hinreichend genau angenähert. $E_{öl\ max}$ und p' sind Konstanten, die aus der Näherung der Funktion an die Meßpunkte bestimmbar sind. Mit Hilfe dieser Näherungsfunktion kann die hydraulische Kapazität zwischen Pumpe und Ventil beschrieben werden.

Zur Bestimmung der hydraulischen Kapazität in der Vorsteuerung werden die Volumina V_{oV} und V_{oX} (s. Skizze Bild 3.6) ausgemessen und durch einen mittleren Wert $E_{\ddot{O}l}$ = 18000 bar dividiert. Da diese Volumina von der festen Ventilgehäusewand umgeben sind, wird bei der Erstellung des mathematischen Modells der Einfluß der Wanddehnung vernachlässigt. Jedoch sind diese Werte nur dann gültig, wenn eine hinreichende Möglichkeit zur Entlüftung der Vorstufenräume gegeben ist.

3.3 Untersuchung der Vorsteuerstufen

Zur Ermittlung der Kennwerte und des Funktionsverhaltens vorgesteuerter Druckbegrenzungsventile ist es sinnvoll, zunächst das statische Verhalten der Vorsteuerstufe allein zu bestimmen. Aus den statischen Kennfeldern $p_V = f(Q_V)$ und $y = f(Q_V)$ lassen sich Aussagen über die Durchflußcharakteristik und die an der Vorstufe auftretenden Strömungskräfte treffen. Brodowski [1] hat in seiner Dissertation umfassend über die Einflüsse verschiedener Parameter auf das statische Verhalten direktgesteuerter Druckventile berichtet. Die Ergebnisse sind auch für die hier zu untersuchenden Vorsteuerstufen (s. Bild 1.4) anwendbar.

Da die Durchflußcharakteristik der Vorsteuerstufen von der geometrischen Ausbildung der jeweiligen Steuerkante abhängig ist, kann sie kaum analytisch bestimmt, sondern nur experimentell ermittelt werden.

3.3.1 Ermittlung statischer Kennfelder

Der Druck p_V vor dem Ventilkegel und der Öffnungsweg y sind für verschiedene Einstelldrücke in Abhängigkeit vom Volumenstrom Q_V aufgetragen. Der nahezu lineare Druckanstieg ist zurückzuführen auf die mit dem Volumenstrom zunehmende Federkraft $c_{FV} \cdot y$, auf die Zunahme der Strömungskraft, die bekanntlich [1,6,11] in schließende Richtung wirkt, und auf den ansteigenden Rückdruck, dessen

Einfluß aber bei ausreichend dimensionierter Rücklaufleitung zum Tank vernachlässigt werden kann. Auf die Strömungskraft wird in Kapitel 3.3.3 näher eingegangen. Der Druckanstieg bei steigendem Volumenstrom ist in erster Linie durch die Federkraftzunahme begründet, die zu der für P-Regler charakteristischen Regelabweichung führt. Das kann am Beispiel eines Betriebspunktes gezeigt werden (s. Bild 3.7):

$$\Delta p^{*} = y \cdot c_{FV} \cdot \frac{4}{\pi d_{SV}^{2}(y)} \tag{3.22}$$

3.3.2 Durchflußcharakteristik der Vorsteuerstufen

Der Durchflußkoeffizient α_D berücksichtigt sämtliche an einer Querschnittsverengung auftretenden Verluste wie Reib-, Vermischungs- und Stoßverluste. Mit Hilfe der Gleichung (2.1o) kann der Durchflußkoeffizient α_{DV} aus den Betriebsgrößen im statischen Kennfeld errechnet werden. Da wegen der kleinen Vorstufenströme der Rückdruck nahezu null ist, wird hier statt Δp p_V eingesetzt. In Bild 3.8a ist der Durchflußkoeffizient α_{DV} über der Reynoldszahl aufgetragen.

Die Reynoldszahl für Spaltenquerschnitte läßt sich wie folgt angeben:

$$Re = \frac{v \cdot d_{Hyd}}{\nu} = \frac{4\ Q\ A_S}{A_S U_S\ \nu} = \frac{4Q}{2\ d_{SV} \cdot \nu} = \frac{2Q}{d_{SV}\ \nu} \tag{3.23}$$

Bei der hier untersuchten Vorstufe steigt α_{DV} bis zu einer Reynoldszahl $Re_{Grenz} \sim 22o$ wurzelförmig an. Für kleine Volumenströme bzw. kleine Reynoldszahlen überwiegt das laminare Strömungsverhalten. Nach einem Übergangsbereich von laminarer zu turbulenter Strömung tritt bei Reynoldszahlen $> 22o$ ausschließlich turbulentes Verhalten auf; der Durchflußkoeffizient bleibt weitgehend konstant.

Zick [12] und Weule [13] haben α_D als Funktion von $\sqrt{Re}$ aufgetragen und dabei festgestellt, daß die Meßpunkte für niedrige Re-

Werte durch eine Gerade mit der Steigung k_{Re} angenähert werden können. In Anlehnung daran zeigt Bild 3.8b den Durchflußkoeffizienten α_{DV} in Abhängigkeit von $\sqrt{Re}$. Auch bei dieser Untersuchung konnten die Meßpunkte hinreichend genau bis zu einem bestimmten Wert Re_{Grenz} durch eine Gerade mit der Steigung k_{ReV} angenähert werden.

$$\alpha_{DV} = k_{ReV} \cdot \sqrt{Re} \qquad (Re < Re_{Grenz}) \qquad (3.24)$$

Für den turbulenten Bereich gilt:

$$\alpha_{DV} = \alpha_{DV\,max} \qquad (Re > Re_{Grenz}) \qquad (3.25)$$

Bei der Berechnung des Ventilverhaltens mit einem Analogrechner wird der laminare Bereich mit Hilfe einer Wurzelfunktion simuliert. Nach Erreichen des Wertes α_{DVmax} wird die Wurzelfunktion durch einen "hard limiter" begrenzt; bei weiter ansteigenden Reynoldszahlen bleibt α_{DV} konstant.

Die aus den beiden Beziehungen (3.24, 3.25) zusammengesetzte Näherungsfunktion gibt den durch die Meßpunkte gebildeten Verlauf hinreichend genau wieder (Bild 3.8).

In Bild 3.9 sind die aus Meßergebnissen ermittelten Kennwerte zur Beschreibung der Durchflußcharakteristiken der untersuchten Vorsteuerstufen tabellarisch dargestellt. Je scharfkantiger die jeweilige Kegelsitzgeometrie ausgebildet ist, desto eher erfolgt der Übergang zu turbulenter Strömung.

Die in Bild 3.4 angegebenen Werte stimmen mit den Untersuchungsergebnissen von Zick [12] recht gut überein.

Die unterschiedlichen Höhen der Kennwerte für die vorgestellten Vorsteuerstufen ergeben sich nicht allein aus der Sitzgeometrie, sondern auch durch Konstruktionsgrößen wie verschiedene Kegelschaftlängen und verschiedene Druckfederräume mit unterschiedlich angeordneten Auslaufbohrungen.

3.3.3 Strömungskräfte an den Vorsteuerstufen

Nach Gleichung (2.9) kann für den stationären Betriebszustand folgende Kräftebilanz am Vorstufenkolben aufgestellt werden:

$$F_{StrV} = (p_V - p_{RV}) \cdot \frac{\pi\, d_{SV}(y)}{4} - c_{FV}(y + y_{VS}) \qquad (3.26)$$

Danach kann die Strömungskraft F_{StrV} aus einem gemessenen Kennfeld der Vorstufe (vgl. Bild 3.7) ermittelt werden. Die Federvorspannkraft $c_{FV} \cdot y_{VS}$ wird durch den auf die Fläche A_{SV} wirkenden Solldruck ersetzt. Erreicht der Druck p_V an der Vorsteuerstufe die Höhe des eingestellten Solldruckes, bei dem die Vorsteuerstufe öffnen soll, so ist unter der Annahme, daß noch kein Volumenstrom Q_V fließt, die Federvorspannkraft $c_{FV} \cdot y_{VS}$ gleich der Druckkraft $p_{soll} \cdot A_{SV}(y)$.

$$c_{FV} \cdot y_{VS} = p_{soll} \cdot \frac{\pi\, d_{SV}^2(y)}{4} \qquad (3.27)$$

Führt man diese Solldruckdefinition in Gleichung(3.26) ein, ergibt sich folgender Zusammenhang:

$$F_{StrV} = (p_V - p_{RV} - p_{soll}) \cdot \frac{\pi\, d_{SV}^2(y)}{4} - c_{FV} \cdot y \qquad (3.28)$$

Da die Sitzfläche $A_{SV}(y)$ und die Federsteifigkeit c_{FV} bekannt sind, kann die Strömungskraft punktweise für jedes Q_V ermittelt werden, wie aus Bild 3.1o hervorgeht.

Für die Vorsteuerstufe des Typs I ist die Strömungskraft in dieser Weise ermittelt und mit Hilfe einer Näherungsfunktion in das Analogrechnermodell eingegeben worden. Es ließ sich aber anhand von Simulationsergebnissen sowohl für das statische als auch dynamische Betriebsverhalten nachweisen, daß die Strömungskraft an der Vorstufe einen vernachlässigbar geringen Einfluß auf das Verhalten des Gesamtventils hat. Bild 3.11 zeigt als Beispiel gerechnete

Sprungantworten an der Hauptstufe und der Kolbenwege der Vor- und Hauptstufe mit und ohne Berücksichtigung der Strömungskraft F_{StrV}. Sowohl der Einschwingvorgang wie auch die stationären Endwerte werden durch die Strömungskraft F_{StrV} kaum beeinflußt.

Die Strömungskräfte an der Vorsteuerstufe des Typs II wurden in gleicher Weise ermittelt. Aufgrund ihrer geringen Höhe werden sie allerdings im Rechnermodell nicht berücksichtigt.

3.4 Untersuchung der Hauptstufen

Durch die geometrische Ausbildung der jeweiligen Hauptstufe (vgl. Bilder 1.3 und 1.4) ergeben sich Unterschiede bei der Durchflußcharakteristik, den Dämpfungskräften und besonders den Strömungskräften. Diese Größen werden experimentell ermittelt. Zur mathematischen Beschreibung des Ventilverhaltens werden die experimentellen Ergebnisse durch Näherungsfunktionen angegeben.

3.4.1 Ermittlung statischer Kennfelder

Die Durchflußcharakteristik der Hauptstufen wird in erster Linie durch die von Kolben und Hülse gebildete Sitzgeometrie bestimmt. Der daraus resultierende Durchflußkoeffizient α_{DH} wird aus den Betriebsgrößen Q_H, Δp und x des statischen Kennfledes nach Gleichung (2.11) ermittelt. Auch bei den Hauptstufen werden zwei unterschiedliche, bereits in Kapitel 3.1 erwähnte Methoden zur Ermittlung statischer Kennfelder angewandt.

1) Unabhängig von der Druckventilfunktion wird für konstant vorgegebene Öffnungen x der Volumenstrom Q_H in Abhängigkeit von der jeweiligen Druckdifferenz Δp gemessen. Eine Änderung der Druckdifferenz kann bei konstant vorgegebenem Zulaufdruck durch Absenken des Rückdruckes erzeugt werden. Die sich ähnlich wie in Bild 3.5 ergebenden Volumenstromkennlinien weisen bei Erreichen einer bestimmten Druckdifferenz einen Kavitationssprung auf. Bei weiter zunehmender Druckdifferenz bleibt der Volumenstrom schließlich konstant.

2) In einem statischen Kennfeld eines vorgesteuerten Druckbegrenzungsventils sind die Betriebsgrößen der Hauptstufe p_A und x in Abhängigkeit von Q_H aufgetragen (Bild 3.12). Die Druckdifferenz $\Delta p = p_A - p_{RH}$ ist in diesem Falle gleich dem Druck p_A, da der Rückdruck bei Druckbegrenzungsventilen vernachlässigbar klein ist. Der durch das Druckventil nahezu konstant gehaltene Druck bedingt einen mit zunehmendem Q größer werdenden Ventilhub x. α_{DH} wird aus diesem Kennfeld ebenfalls nach Gleichung (2.11) ermittelt. In den Kennlinien wird das Auftreten von Kavitation bei dieser Methode nicht sichtbar.

Wird der Durchflußkoeffizient α_{DH} als Funktion der Reynoldszahl aufgetragen, so ist erkennbar, daß bei der Messung ohne Gegendruck die Verluste größer werden: der α_D-Wert steigt nicht weiter an, sondern bleibt konstant. Im Gegensatz dazu nimmt der α_D-Wert bei der Messung mit Gegendruck weiter zu und erreicht schließlich bei höheren Reynoldszahlen einen größeren Maximalwert.

Zur mathematischen Beschreibung des Druckventilverhaltens wird der Durchflußkoeffizient für die hier untersuchten Hauptstufen nach der letzgenannten Methode aus Druckventilkennfeldern ermittelt.

3.4.2 Durchflußcharakteristik der Hauptstufen

Der Durchflußkoeffizeint α_{DH}, der beispielsweise für den Ventiltyp II aus Bild 3.12 ausgewertet wurde, ist in Bild 3.13 als Funktion von $\sqrt{Re}$ dargestellt. Aus den unterschiedlichen Druckkennlinien ergibt sich ein Band von Meßpunkten, das auf die sich ändernden Strömungsverhältnisse in der Kolben-Sitz-Geometrie bei unterschiedlichen Hüben zurückzuführen ist.

Wie bei den Vorstufen steigen auch hier die α_D-Werte linear mit $\sqrt{Re}$ an und bleiben nach einem kurzen Übergangsgebiet konstant. In die Punkteschar wird zur Bestimmung einer Näherungsfunktion ebenfalls eine Gerade mit der Steigung K_{ReH} gelegt.

Beim Übergang von laminarer in turbulenter Strömung (Re_{Grenz}) wird die Wurzelfunktion auf den Wert $\alpha_{DH\ max}$ begrenzt.

Bild 3.14 zeigt eine tabellarische Zusammenstellung der Kennwerte k_{ReH}, Re_{Grenz} und $\alpha_{DH\ max}$ für die Hauptstufentypen I, II, III/1, III/2 und III/3. Die in der Tabelle angegebenen Werte $\alpha_{DH\ max}$ sind für Typ I und III/1 wegen ihrer ähnlichen Kolbengeometrie ungefährt gleich und erreichen höhere Werte als für die Typen II, III/2 und III/3.

Durch die scharfe Kante der letztgenannten zylindrischen Kolben wird die Strömung stärker umgelenkt; es entsteht besonders bei kleinen Öffnungen eine größere Strahleinschnürung, so daß generell höhere Verluste auftreten. Durch die relativ zu den anderen Hauptstufen größeren Querschnittsveränderungen bei Typ II von A_A auf $A_S(x)$ bei sehr kleinem Hub x ergeben sich die geringsten $\alpha_{DH\ max}$-Werte.

3.4.3 Bestimmung des Reibungsbeiwertes d_H

Das dynamische Verhalten vorgesteuerter Druckventile wird im wesentlichen durch Störkräfte am Hauptstufenkolben bestimmt. Daher ist es notwendig, die geschwindigkeitsabhängige Reibungskraft auf den Hauptstufenkolben zu bestimmen, die vorwiegend durch flüssige Reibung des Öles im Ringspalt zwischen Kolben und Hülse entsteht. (s. Gleichung 2.2o).

Während die laminaren Zähigkeitskräfte theoretisch herleitbar sind, lassen sich die zusätzlich auftretenden Einflüsse der an den Druckentlastungsnuten im Kolben auftretenden Turbulenzen nur experimentell ermitteln.

Unter Annahme schichtenparalleler Schleppströmung des im Spalt befindlichen Öls kann der Reibungsbeiwert für eine Newton'sche Flüssigkeit hergeleitet werden. Das Newton'sche Schubspannungsgesetz [14] für Flüssigkeitsreibung in einer Ebene lautet:

$$\tau = \eta \frac{2\dot{x}}{d_a - d_i} \tag{3.29}$$

(Bezeichnungen siehe Skizze in Bild 3.16)
Weiter gilt für die Schubspannung in der Flüssigkeit:

$$\tau = \frac{F_D}{A} = \frac{F_D}{\pi \, d_i \, l} \tag{3.3o}$$

Durch Gleichsetzen beider Beziehungen ergibt sich folgender Reibungsbeiwert:

$$d_H = \frac{F_D}{\dot{x}} = \frac{2 \, \pi \, \eta \, d_i \, l}{d_a - d_i} \tag{3.31}$$

Bei ausführlicher Herleitung für den in Wirklichkeit kreisrunden Kolben lautet die Beziehung:

$$d_H = \frac{2 \, \pi \, \eta \, l}{\ln(d_a/d_i)} \tag{3.32}$$

Für die Hauptstufe des Typs II entsteht mit der einfacheren Formel ein Fehler von o,o2%, so daß Gleichung (3.31) verwendet werden kann.

Bild 3.15 zeigt den prinzipiellen Aufbau einer Versuchsanordnung zur Bestimmung des Reibungsbeiwertes d_H.

Folgende Voraussetzungen waren zu erfüllen:

- geometrische Ähnlichkeit von Versuchskolben und Hülse mit der Hauptstufe des Ventils

- ungefähr gleiche Kolbengeschwindigkeit im Versuch wie im Ventil

- achsenparallele und momentfreie Krafteinleitung in den Kolben

- vertikale Hülsenanordnung, um Anliegen des Kolbens an der Hülse zu vermeiden

- geringe Eigenreibung der Meßvorrichtung

- kleine Zeitkonstante des bewegten Systems

- möglichst konstante Öltemperatur im Behälter

Durch ein Gewicht wird der Versuchskolben in dem unter Öl stehenden Hülsenrohr nach oben gezogen. Der Zugfaden wird über eine Umlenkrolle geführt. Mit einem zwischen Gewicht und Faden angeordneten Wegaufnehmer kann der Weg x in Abhängigkeit von der Zeit aufgezeichnet und somit die Geschwindigkeit $\dot{x}$ festgestellt werden.

In einem Vorversuch ohne Hülse und ohne Öl im Behälter werden die Reibkräfte der Umlenkrolle und des Wegaufnehmerkerns ermittelt, um sie in der Auswertung eliminieren zu können. Da der Reibungsbeiwert in Abhängigkeit von der Öltemperatur ermittelt werden soll, wird eine Heizung installiert. Ein Rührer sorgt für örtlich konstante Temperaturverteilung.

Bei den Versuchen wurde der Kolben zunächst mit einem Stab am Boden festgehalten. Der "Squeeze-Effekt" läßt das System ca. 5s nach Entfernung des Stabes störungsfrei anlaufen. Das angehängte Gewicht zieht den Kolben nach einer kurzen Beschleunigungsphase mit konstanter Geschwindigkeit nach oben. Somit kann der Reibungsbeiwert d_H aus der um die Reibkraft reduzierten Fadenkraft F_D und der Geschwindigkeit $\dot{x}$ bestimmt werden:

$$d_H = \frac{F_D}{\dot{x}} \qquad (3.32)$$

Die Fadenkraft läßt sich aus folgendem Ausdruck berechnen:

$$F_D = \left[m_G + m_{Sch} - m_K \quad (1 - \frac{\rho_{Öl}}{\rho_{Fe}}) \right] \cdot g - \Sigma F_{Reib} \qquad (3.33)$$

m_G = Masse des Gewichts

m_{Sch} = Masse der Schale

m_K = Masse des Kolbens

g = Erdbeschleunigung

Der Klammerausdruck $(1 - \frac{\rho_{öl}}{\rho_{Fe}})$ berücksichtigt den Kolbenauftrieb im Öl.

Bild 3.16 zeigt den gemessenen und nach Gleichung (3.31) gerechneten Reibungsbeiwert d_H in Abhängigkeit von der kinematischen Zähigkeit ν bzw. von der Öltemperatur ϑ [15]. Der Reibungsbeiwert nimmt linear mit der Zähigkeit zu. Die gemessenen Werte liegen besonders bei niedrigen Öltemperaturen höher, da die Reibkräfte des nachströmenden bzw. des verdrängten Öles an der Hülsenwandung und die an den Druckausgleichsnuten in der Kolbenwand entstehenden Turbulenzen in das Meßergebnis miteingehen.

Eine Streuung der Meßwerte ist auf unterschiedliche radiale Stellungen des Kolbens zur Hülse zurückzuführen, da beide nicht exakt axialsymmetrisch gefertigt werden können. Bei einer fertigungs- oder temperaturbedingten Abweichung des Durchmessers um 1 µm ergibt sich bereits ein Fehler von ca. 7 %.

Dem Bild 3.16 kann für die bei einer Untersuchung der Druckventile eingehaltene Nenntemperatur $\vartheta = 5o^{o}$ ein mittlerer Reibungsbeiwert $d_H = o{,}o12 \frac{N\ s}{mm}$ entnommen werden. Allerdings entsteht dieser Wert unter den idealen Voraussetzungen an der speziellen Meßapparatur. In Ventilen können aus folgenden Gründen weitaus höhere Reibungskräfte auftreten:

- der Kolben steht bei Aufliegen auf dem Sitz nicht konzentrisch zur Hülse

- die Feder verursacht ein Kippen des Kolbens

- das Radialspiel ist nicht konstant

- die Temperturverteilung ist nicht konstant.

Lang [16] gibt für seinen untersuchten Schieber einen Reibungsbeiwert $d_H = 0{,}1 \frac{N\,s}{mm}$ an, der unter Berücksichtigung der Abmessungen seines Versuchsobjektes ebenfalls höhere Werte ergibt. Somit kann der gemessene Reibungsbeiwert bei den Ventilberechnungen nur dann eingesetzt werden, wenn der Hauptstufenkolben sich bereits in einer vom Ventilsitz abgehobenen Arbeitsposition befindet.

3.4.4 Strömungskräfte an den Hauptstufen

Im statischen Betriebsfall wird die jeweilige Position des Hauptstufenkolbens durch quasistatische Kräfte wie Druckkräfte, Federkräfte und Reibungskräfte bestimmt. Werden bei stationärer Strömung die Druckkräfte weiterhin als quasistatisch angenommen, so entsteht beim Vergleich mit den tatsächlich wirkenden Kräften eine scheinbare Zusatzkraft, die allgemein als stationäre Strömungskraft bezeichnet wird. Diese Strömungskraft hat beträchtlichen Einfluß auf das statische und dynamische Verhalten der Ventile. Sie ist deshalb im mathematischen Modell für Druckbegrenzungsventile zu berücksichtigen. Außerdem werden zur Klärung des Verhaltens der hier eingesetzten Hauptstufen (Sitzventilkolben) durch umfangreiche Messungen die Ursachen dieser Strömungskräfte untersucht und es wird gezeigt, inwieweit der zur theoretischen Bestimmung der Strömungskräfte vielfach angewendete Impulssatz die tatsächlichen Strömungskräfte beschreibt.

Im dynamischen Betriebsfall wirken auf den Kolben zusätzlich Massenkräfte, Dämpfungskräfte und ein dynamischer Strömungskraftanteil, der von der Bewegungsrichtung des Kolbens abhängig ist. Nach einer überschlägigen Berechnung ist dieser dynamische Strömungskraftanteil gegenüber dem stationären Kraftanteil vernachlässigbar. Daher beschränkt sich die folgende Abhandlung auf die stationäre Strömungskraft.

Die Erfassung von Strömungskräften beruht auf strömungsmechanischen Gesetzmäßigkeiten, die kurz erläutert werden.

Bild 3.17 zeigt den möglichen Verlauf der Stromlinien an einer Hauptstufe, die hier als 2-Wege-Einbauventil ausgeführt ist. Aufgrund des enger werdenden Strömungsquerschnittes steigen die Geschwindigkeiten des Fluids bis zum Steuerquerschnitt A_S an. Die daraus resultierenden Druckkraftänderungen können strömungsmechanisch auf zwei Arten beschrieben werden:

1) Durch unterschiedliche Strömungsgeschwindigkeiten herrschen an der Kolbenfläche unterschiedlich hohe statische Drücke, die durch die Gleichung von Bernoulli beschrieben werden können. Die tatsächliche Höhe der statischen Drücke wird beeinflußt durch:

   - Richtung und Beträge der Geschwindigkeiten (Daraus folgen statische Druckabsenkungen oder -erhöhungen sowie Staudrücke).

   - Reibverluste (Daraus resultieren zusätzliche statische Druckabsenkungen).

Versucht man die Strömungskräfte aus den Druckkräften und den Gegenhaltekräften zu bestimmen, so erschweren die komplizierten unterschiedlichen Druckverteilungen mit den dazugehörigen Wirkflächen die meßtechnische Erfassung oder die Berechnung. Bei Druckmessungen können die statischen Drücke an mehreren Kolbenstellen erfaßt werden; die sich daraus ergebende Druckverteilung ist über die Kolbenfläche zu integrieren.

2) Bei komplizierter Strömungsform und deren Kraftreaktion auf den Kolben bietet sich die Anwendung des Impulssatzes an,weil dabei die inneren Abläufe in der Strömung nicht bekannt sein müssen. Der Impulssatz sagt aus, daß ein massebehafteter Flüssigkeitsstrom, der eine Geschwindigkeitsänderung (Umlenkung, Beschleunigung oder Verzögerung) erfährt, dazu äußerer Kräfte bedarf. In einer für die Hydraulik anwendbaren Form lautet der Impulssatz in allgemeiner vektorieller Schreibweise:

$$\dot{\vec{I}}_{aus}-\dot{\vec{I}}_{ein} = \rho Q(\vec{v}_{aus}-\vec{v}_{ein}) = \Sigma\,\vec{F}_{äußere}=\vec{F}_g+\vec{F}_p+\vec{F}_s+\vec{F}_r \qquad (3.35)$$

Die äußeren Kräfte auf die Kontrollfläche können dabei Gewichtskräfte F_g, Druckkräfte F_p, Stützkräfte einer festen Wand F_s und Reibungskräfte F_r sein. Da ein Teil der Kräfte auf das Flüssigkeitsvolumen durch den Kolben aufgebracht wird, findet ein Impulsaustausch zwischen Strömung und Kolben statt, woraus sich unter bestimmten Voraussetzungen die Strömungskraft ermitteln läßt.

Die Grenzen bei der Anwendung des Impulssatzes liegen im richtigen Anbringen des Kontrollvolumens um oder an den Kolben und im genauen Bestimmen von äußeren Kräften in den Gebieten, in denen z.B. die statischen Drücke oder die Reibungskräfte nur schwer erfaßbar sind.

Für spezielle Ventilkolbenformen müssen die Berechnungsansätze zur Bestimmung der Strömungskräfte aus dem Impulssatz oder aus Druckverteilungen stets neu entwickelt werden. Dabei werden:

- verschiedene Ausgangsvorstellungen zur formelmäßigen Erfassung von Strömungseinflüssen als "Kräfte" benutzt,

- für eine sinnvolle Berechnung stets Annahmen und Vereinfachungen benötigt,

- die Strömungskräfte vom Verwendungszweck bzw. der Konstruktion des Ventils her definiert, so daß "Strömungskräfte" aus verschiedenen Untersuchungen generell nicht direkt vergleichbar sind.

Von den bisher bekannten Verfahren zur Ermittlung der Strömungskräfte an Ventilkolben werden einige Beispiele vorgestellt. 196o ermittelten Blackburn, Reethof und Shearer [17] Strömungskräfte am Steuerschieber mit Hilfe des Impulssatzes. Wegen der konstruktiv einfachen Art des von ihnen beschriebenen Steuerschiebers heben sich die äußeren Kräfte an der Kontrollfläche auf; die Strömungskraft kann durch den reinen Impulsaustausch beschrieben werden.

Tatar [18] benutzte 1974 zur Bestimmung der Strömungskraft am gleichen Steuerschieber ebenfalls den Impulsaustausch, der bei Anwendung des Impulssatzes auf die Kontrollfläche als einzige Kraftreaktion an diesem Steuerschieber auftritt. Zusätzlich wurde die Abhängigkeit der Strömungskraft vom Öffnungshub x in einem Kennfeld dargestellt.

Strömungskräfte an Sitzventilen wurden 1960 von Stone [19] untersucht. Durch Steuerdruckmessungen an einem Gegenkolben, der, mit dem Sitzventilkolben fest verbunden, den Öffnungshub konstant hält, wurde die Differenz zwischen den quasistatisch angenommenen Öffnungskraft und der bei Strömung tatsächlich herrschenden Druckkraft festgestellt. Zur theoretischen Berechnung der Strömungskraft auf der Grundlage des Impulssatzes benutzt Stone den Impulstausch an der Kontrollfläche ohne Berücksichtigung der äußeren Kräfte.

1964 untersuchten Backé und Rünnenburger [8] durch Druckmessungen über die gesamte Kolbenfläche eines Druckventilkegels die bei Strömung tatsächlich vorliegenden Kräfteverhältnisse. Die Druckkraftabnahme durch ansteigenden Volumenstrom wurde als Strömungskraftzunahme definiert.

Reimer [3] benutzt 1971 ebenfalls diese Druckmeßverfahren für die meßtechnische Bestimmung von Strömungskräften am Druckventilkegel. Zur theoretischen Bestimmung der Strömungskräfte wandte er den Impulssatz unter Berücksichtigung aller äußeren Kräfte auf die Kontrollfläche an; die Strömungskraft ergibt sich als Summe aus Impulsaustausch und äußeren Kräften.

Diese hier nur kurz angesprochenen Methoden zur Strömungskrafterfassung werden ausführlicher in [20] behandelt.

3.4.4.1 Kraftverhältnisse am Hauptstufenkolben

Die in dieser Arbeit vorgestellte Untersuchung von Strömungskräften an den Hauptstufen geht von folgenden Bedingungen aus:

- Messen der vor und hinter der Drosselstelle auftretenden Drücke und Berücksichtigung der auch im statischen Fall wirkenden Druckkraft hinter der Drosselstelle. Diese Druckkraft ist zwar bei 2-Wege-Einbauventilen vernachlässigbar, wenn sie als Hauptstufen in Druckbegrenzungsventilen eingesetzt werden; bei Druckregelventilen bzw. Wege- oder Stromventilen muß sie berücksichtigt werden.

- Berücksichtigung der sich mit dem Öffnungshub x ändernden Druckwirkfläche bei Kolben III/1 (vgl. Bild 2.2a).

- Berechnen der Strömungskraft mit dem Impulssatz. Anbringen des Kontrollvolumens um den ganzen Kolben und Erfassung aller äußeren Kräfte auf das Kontrollvolumen.

- Angabe des Absolutbetrages der Strömungskraft in Abhängigkeit verschiedener Betriebsgrößen.

Die Kolben-Hülsen-Geometrien der drei untersuchten Hauptstufentypen wurden bereits in Bild 1.4 vorgestellt. Zusätzlich wird eine Hauptstufe III/4 eingesetzt, die dem Typ III/1 entspricht, aber einen Kolbenkegelwinkel von $4o^{o}$ aufweist. An der Stufe III/1 wird außerdem das Kräfteverhältnis bei Strömungsrichtung von B nach A behandelt.

Ausgehend von der Sitzgeometrie der Anordnung III/1 wird im folgenden aus dem Kräftegleichgewicht am Kolben ein Meßansatz abgeleitet. In Anlehnung an die Druckverhältnisse bei einer Blende entstehen vor und hinter dem Steuerquerschnitt $A_S(x)$ zwei Druckwirkflächen (s. Bild 2.2). Im Einlauf des Ventils wirkt auf die Fläche A_A (x) der Druck p_A und auf die Kegelfläche $A_S(x)$ hinter dem engsten Querschnitt der Druck p_S, der sich am Steuerquerschnitt einstellt und nach /8/ bei kleinen Öffnungen wegen gleichbleibender Geschwindigkeiten längs der relativ kurzen Kegelfläche nahezu konstant bleibt.

Für den statischen Fall ($Q = o$, $\Delta p = o$; ein nachgeschalteter Verbraucher nimmt keine Leistung auf) wird den am Kolben wirkenden Druckkräften durch die Gegenhaltekraft F_G das Gleichgewicht gehalten (Bild 3.18).

$$p_A \cdot A_A(x) + p_S \cdot A_B(x) - F_G = o \tag{3.36}$$

Da $p_A = p_S = p_B$, kann auch geschrieben werden:

$$p_A \cdot \underbrace{(A_A(x) + A_B(x))}_{= A_X} - F_G = o \tag{3.37}$$

Bild 3.18a zeigt die Druckverteilung an der Kolbenoberfläche bei konstanter Öffnung im statischen Fall ($Q = o$; $p_A = p_B$; rechteckiges Druckprofil) und im stationären Fall ($Q \neq o$; $p_A > p_B$). Im stationären Fall entsteht wegen unterschiedlicher Fluidgeschwindigkeiten in Kolbennähe ein geändertes Druckprofil, wobei der Druck vor dem Kolbenboden aufgrund des Staudruckes leicht zunimmt und in der Nähe des Steuerquerschnittes aufgrund erhöhter Geschwindigkeit stark abnimmt. Bild 3.18b zeigt die angenommenen quasistatischen Druckkräfte am Kolben bei stationärer Strömung. Diese ergeben nur eine Annäherung an die bei Strömung tatsächlich wirkenden Druckkräfte. Da aufgrund der Strömung ein Kraftfehlbetrag gegenüber den quasistatisch angenommenen Kräften entsteht, ist das in Gleichung (3.36) angegebene Kraftgleichgewicht gestört. Dieser Druckkraftverlust wird als Strömungskraft bezeichnet und wirkt für diese Kolben-Hülsen-Anordnung in schließende Richtung. Somit läßt sich das Kraftgleichgewicht ΣF am Kolben für den stationären Betriebszustand wie folgt beschreiben:

$$\Sigma F = p_A \cdot A_A(x) + p_S \cdot A_B(x) - F_G - F_{Str} = o \tag{3.38}$$

Der Meßansatz zur Ermittlung der Strömungskräfte am Kolben lautet also:

$$F_{Str\,M} = p_A \cdot A_A(x) + p_S \cdot A_B(x) - F_G \tag{3.39}$$

Da es vielfach aufgrund konstruktiver Gegebenheiten schwierig ist, den Druck im Steuerquerschnitt zu messen, wird der maximal mögliche Druck mit Hilfe der Bernoullischen Gleichung näherungsweise berechnet:

$$p_S = p_A + \frac{\rho}{2} Q^2 \left(\frac{1}{A_A^2} - \frac{1}{A_S(x)^2}\right) \qquad (3.4o)$$

3.4.4.2 Anwendung des Impulssatzes

Zur Berechnung der Strömungskraft auf den Kolben mit Hilfe des Impulssatzes ist ein Kontrollvolumen um den gesamten Kolben so zu legen, daß

- alle auf den Kolben wirkenden Kräfte erfaßt werden,

- die wichtigen Einflußgrößen auf die Kontrollgrenze direkt bestimmbar oder durch gesicherte Annahmen beschrieben werden können.

Gemäß diesen Überlegungen wurde die in Bild 3.19 gezeigte Kontrollgrenze an der Hauptstufe festgelegt.

Aufgrund der Bewegungsrichtung des Kolbens interessieren nur die in x-Richtung wirkenden Kräfte. Aus den eingezeichneten Geschwindigkeiten, Drücken und Kräften ergibt sich folgende Beziehung:

$$\rho Q v_S \cos\varepsilon - \rho Q v_A = F_A - F_{RA} - F_S \cos\beta + F_{SB} \sin\beta + F_{RS} \cos\beta \pm F_{RH} - F_G \qquad (3.41)$$

F_A = Druckkraft im Einlauf

$F_S \cos\beta$ = Druckkraft im Steuerquerschnitt

$F_{SB} \sin\beta$ = Druckkraft auf Kolbenkegel

F_{RA} = Reibkraft an der Hülsenwand im Einlauf

F_{RS} cos β = Reibkraft am Kolbenkegel

F_{RH} = Reibkraft zwischen Kolben und Hülse

F_G = Gegenhaltekraft am Kolben

Gewichtskräfte werden wegen waagerechter Einbaulage nicht berücksichtigt.

Zur Berechnung von Gleichung (3.41) werden folgende Annahmen getroffen:

1) Die Strömung im Öffnungsspalt und am Kolben sei zweidimensional (keine z-Komponente)

2) Bei kleinen Öffnungen sei der Strömungswinkel ε gleich dem halben Kolben-Kegelwinkel. Wie schon erwähnt, liegt laut /8/ der austretende Strahl am Kolbenkegel an.

3) Am Kolbenkegel hinter dem Öffnungsquerschnitt wirkt aufgrund der gleichbleibenden Geschwindigkeit der Druck p_S.

4) Reibkräfte in der Kolbenführung werden durch Druckausgleichsnuten klein gehalten und sind damit zu vernachlässigen.

5) Die Wandreibungskraft F_{RA} im Ventileinlauf kann wegen des großen Durchmessers d_A und der relativ kleinen Einströmgeschwindigkeit v_A vernachlässigt werden.

Somit vereinfacht sich der Impulssatz zu:

$$\rho\, Q\, (v_S \cos\beta - v_A) = F_A - F_S \cos\beta + F_{SB} \sin\beta + F_{RS} \cos\beta - F_G \qquad (3.42)$$

Anhand der Kontrollfläche werden Drücke und ihre Wirkungsflächen in die Berechnung eingesetzt. Da auf den Öffnungsquerschnitt A_S und auf den ihm gegenüberliegenden Teil der Kegelfläche der gleiche Druck p_S wirkt, wird die Kraft $F_S \cdot \cos\beta$ durch einen Teil der Kraft $F_{SB} \cdot \sin\beta$ eliminiert.

Es bleibt:

$$\rho Q(\mathbf{v}_S \cos\beta - \mathbf{v}_A) = p_A \cdot A_A + p_S \underbrace{(A_X - A_A)}_{A_B} + F_{RS} \cos\beta - F_G \qquad (3.43)$$

Die Beziehung gibt das Gleichgewicht zwischen Impulsflüssen und äußeren Kräften an der gesamten Kontrollfläche bei stationärer Strömung an, die sowohl den Ventilkolben als auch einen Teil des Fluidvolumens umfaßt.

Im statischen Fall ($Q = o$, $\Delta p = o$) herrschen an dieser Kontrollfläche in x-Richtung nur die Druckkräfte $p_A \cdot A_A$, $p_S \cdot A_B$ und die Gegenhaltekraft F_G. Da keine Strömung vorliegt, existiert weder die Reibungskraft noch der Impulsaustausch innerhalb der Kontrollflächen $\rho \cdot Q \cdot (v_S \cdot \cos\beta - v_A)$. Das Kräftegleichgewicht an der Kontrollfläche (KFL) im statischen Fall ist also:

$$\Sigma F_{KFL} = p_A \cdot A_A + p_S \cdot A_B - F_G \qquad (3.44)$$

Sobald stationäre Strömung vorliegt, treten beide Effekte zusätzlich an der Kontrollfläche auf. Das Kraftgleichgewicht im stationären Fall lautet:

$$\Sigma F_{KFL} = p_A \cdot A_A + p_S \cdot A_B - F_G + \underbrace{F_{RS} \cos\beta - \rho \cdot Q (v_S \cos\beta - v_A)}_{F_{Str\ KFL}} \qquad (3.45)$$

Bei Betrachtung der Kontrollfläche erkennt man, daß die Impulsänderung in x-Richtung nur eine Reaktion auf die Kolbenoberfläche bis zum Öffnungsquerschnitt haben kann; Impulsänderung aus Reaktionen der Strömung auf die Hülse können nur durch die Reibungskraft F_{RA} auftreten. Diese ist aber vernachlässigbar klein und hat somit keinen Einfluß. Die Reibungskraft F_{RS} am Kolben ist wie die Impulsänderung eine reine Reaktion der Strömung auf den Kolben. Damit ist also die stationäre Strömungskraft am Ventilkolben die Summe aus Impulstausch $\rho \cdot Q(v_S \cdot \cos\beta - v_A)$ und der Reibungskraft $F_{RS} \cdot \cos\beta$

$$F_{Str} = F_{RS} \cdot \cos\beta - \rho \cdot Q(v_S \cos\beta - v_A) \qquad (3.46)$$

Die aufgrund dieser Überlegungen aus dem Impulssatz hergeleitete Strömungskraft am Kolben stimmt mit der aus dem gemessenen Kraftgleichgewicht am Kolben (Gleichung 3.39) ermittelten Strömungskraft überein.

3.4.4.3 Versuchs- und Meßaufbau mit Datenerfassungsanlage

Da die Strömungskraft von den hydraulischen Betriebsgrößen an den Hauptstufen abhängt, ist es notwendig, die Größen x, Q, $\Delta p = p_A - p_B$ und die Gegenhaltekraft F_G gleichzeitig zu messen oder bestimmte Größen konstant zu halten. Bild 3.2o zeigt Prüfstand und Meßaufbau und den eigens für diese Untersuchungen entwickelten Servostellantrieb (SSA).

Mit dem im Lageregelkreis gesteuerten Servostellantrieb ist es möglich, den Hub des Ventilkolbens bei unterschiedlicher Belastung vorzugeben und gleichzeitig die Gegenhaltekraft F_G als Druckdifferenz am Antriebskolben mit der Fläche A_{SSA} zu messen.

$$F_G = (p_2 - p_1) \cdot A_{SSA} \qquad (3.47)$$

Um Reibungseinflüsse weitgehend zu eliminieren, wurden Kolben und Kolbenstange hydrostatisch gelagert. Dem Eingangssignal des Servoventils wurde zusätzlich ein Dither (Zittersignal) überlagert.

Verschiedene Meßmethoden sind anwendbar. Ein bestimmter Öffnungsweg x für den Ventilkolben wird vorgegeben und der Einlaufdruck p_A über ein Druckbegrenzungsventil konstant gehalten. Durch gleichmäßiges elektromotorisches Öffnen des zunächst geschlossenen Belastungswiderstandes wird die Druckdifferenz an der Steuerkante vergrößert; damit beginnt ein Volumenstrom Q zu fließen, und die Strömungskraft steigt an.

Eine andere Methode zur Ermittlung der Strömungskraft geht von der Veränderung des Öffnungsweges x aus, wobei dann bei kleineren Öffnungen p_A und bei größeren Öffnungen Q konstant gehalten wird. Die Betriebsgrößen Q, Δp, x können direkt mit einem X-Y-Schreiber registriert werden, während die Strömungskraft erst nach Gleichung (3.39) und Einbeziehung von (3.4o) aus den gemessenen Größen mit Hilfe einer einfachen Analogrechnerschaltung am Prüfstand berechnet wird.

Eine komfortablere Art der Meßwerterfassung und Auswertung wurde mit einer Datenerfassungsanlage durchgeführt. Bild 3.21 zeigt den prinzipiellen Aufbau dieser Datenerfassungsanlage, mit deren Hilfe eine Übertragung, Analog/Digitalwandlung, Abspeicherung, Berechnung und Ausgabe der Meßdaten möglich ist. Die von den jeweiligen Meßverstärkern abgegebenen Spannungen werden in einem Anpassungsverstärker in diesem Fall 1:1 verstärkt und dann über analoge Datenkanäle aus dem Versuchsfeld dem Analog/Digitalwandler des vorhandenen Prozeßrechners zugeführt.

Bei der Messung der Strömungskraft werden quasistatische Vorgänge erfaßt, d.h. die eingelesenen Meßgrößen ändern nur langsam ihren Wert. Dies wurde in einem allgemein erstellten Datenerfassungsprogramm zum langsamen Einlesen von Daten berücksichtigt. Das Programm ist so aufgebaut, daß nach einem durch den Benutzer am Prüfstand ausgelösten Steuersignal über 6 Kanäle jeweils ein Meßwert 1oo mal nacheinander eingelesen und gespeichert wird, weil die eingelesenen Werte immer in einem gewissen Streubereich liegen (Einlesezeit für 1oo Werte auf 6 Kanälen insgesamt 1,5 s). Jeder Meßwert, dessen Abweichung vom Medianwert größer als eine vorgegebene zulässige Fehlerdifferenz ist, wird gelöscht und durch den Medianwert ersetzt. Aus den 1oo zum Teil korrigierten Meßwerten pro Kanal wird durch eine Mittelwertbildung der eigentliche abzuspeichernde Meßpunkt berechnet. Außerdem werden Standardabweichung, Fehlerzahl und die Drift der Punkte festgestellt. Überschreiten diese Beurteilungsgrößen vorher festgelegte Grenzwerte, so werden die gesamten Meßwerte als Fehlmessung interpretiert und nicht abgespeichert.

3.4.4.4 Untersuchungsergebnisse

Bild 3.22 zeigt als Beispiel einen nach der ersten Methode (x=konst, p_A = konst) an der Hauptstufe III/1 im Versuchsfeld ermittelten Meßschrieb. Aufgezeichnet sind die mit der Analogrechnerschaltung nach Gleichung (3.39) errechnete Strömungskraft F_{StrM} und der Volumenstrom Q in Abhängigkeit vom Druck p_B. Die eingetragenen Punkte geben die mit der Datenerfassungsanlage übertragenen und mit dem Prozeßrechner ermittelten Werte für F_{StrM} und Q wieder. Man sieht, daß beide Registrierverfahren hinreichend genau sind.

Bei $p_B = p_S = p_A$ = 16o bar (Q = o) ist die Strömungskraft per Definition gleich null, da kein Strömungseinfluß die angenommene Druckkraftverteilung verändert. Mit dem Absenken von p_B steigt F_{StrM} in einer nichtlinearen Kurve, bedingt durch die sich mit Q ändernden Verluste, bis zur Ausbildung von Kavitation an. Bei ausgebildeter Kavitation bleiben der Volumenstrom und die Strömungskraft trotz weiter abnehmendem Druck p_B konstant. Die Kennlinien für F_{Str} und Q weisen leichte Hysteresen auf, die vorwiegend durch Reibungseinflüsse verursacht werden.

Bild 3.23 zeigt die aus den Meßschrieben bei unterschiedlichen Öffnungswegen x ausgewerteten Durchflußkoeffizienten α_D als Funktion der Reynoldszahl Re bzw. des Volumenstroms Q. Die Berechnungen nach den Gleichungen (2.11) und(3.23) ließen sich vorteilhaft mit der Datenerfassungsanlage durchführen.

Der aus $p_A - p_B$ errechnete α_D-Wert enthält alle an der Hauptstufe auftretenden Verluste.

Während die Verläufe für x = o,6 und o,8 mm nahezu deckungsgleich sind, ist der Betrag der Verluste für x = o,4 mm bei geringen Volumenströmen wesentlich größer. Da der Einfluß des Ventilblocks und der Hülsenbohrungen gleich bleibt, sind die höheren Verluste darauf zurückzuführen, daß bei tiefer in die Hülse eingetauchtem Kolben die zwischen Kolbenkegel und Hülsenwand auftretende Reibung innerhalb der Flüssigkeit und an der Wandung zunimmt; α_D ist daher kleiner.

Der Steilabfall am Ende der α_D-Verläufe tritt wegen der Kavitation auf, da trotz konstantem Q der Druck p_B weiterhin abnimmt. Die Bilder 3.24 und 3.25 zeigen die gemessene und nach Gleichung (3.48) berechnete Strömungskraft an der Hauptstufe III/1 jeweils für verschiedene Öffnungen x in Abhängigkeit von der Druckdifferenz Δp und in Abhängigkeit vom Volumenstrom Q. Die Strömungskraft am Kolben kann nach dem Impulssatz mit Gleichung (3.46) errechnet werden.

Die Reibungskraft F_{RS} am Kegel ist nicht exakt berechenbar. Eine überschlägige Berechnung unter Annahme eines ringförmigen Spaltes zwischen Kegelkolben und Hülse ergab Reibkräfte, die kleiner als 2,5% der Strömungskräfte waren. Deshalb wurde diese Reibkraft vernachlässigt und aus den gemessenen Q-Werten eine theoretische Strömungskraft bestimmt.

$$F_{Str\,th} = \rho \cdot Q^2 \left(\frac{\cos\beta}{A_S(x)} - \frac{1}{A_A}\right) \qquad (3.48)$$

mit

$$v_S = \frac{Q}{A_S(x)} \quad \text{und} \quad v_A = \frac{Q}{A_A}$$

Während die Meßergebnisse für x = o,6 und o,8 mm recht gut mit den Rechenergebnissen übereinstimmen, ist für x = o,4 die theoretische Strömungskraft kleiner als die gemessene. Da F_{Strth} nur den Impulsaustausch bis zum Spaltenquerschnitt berücksichtigt, verursacht die tatsächlich höhere Druckkraftabnahme eine Abweichung zwischen F_{Strth} und F_{StrM}, die vor allem infolge großer Strömungsverluste bei x = o,4 mm erkennbar waren.

Den Einfluß des Kolbenkegelwinkels β_H auf die Höhe der Strömungskraft zeigt Bild 3.26. Bei gleichem Öffnungsquerschnitt A_S (x) wurden an der Hauptstufe III/1 (β_H = 2o°) und III/4 (β_H = 4o°) die Strömungskräfte F_{StrM} im Versuch gemessen und F_{Strth} nach dem Impulssatz berechnet.

Ein Vergleich des Impulsaustausches an beiden Hauptstufen läßt aus der umgeformten Gleichung (3.48)

$$F_{Strth} = 2\,\alpha_D^2\, A_S(x)\,\Delta p(\cos\beta - \frac{A_S(x)}{A_A}) \qquad (3.49)$$

erkennen, daß für $\beta_H = 40^o$ F_{Strth} um ca. 20% kleiner ist als für $\beta_H = 20^o$. Dazu ist die theoretische Strömungskraft direkt als Funktion des Kegelwinkels β_H aufgetragen. Durch die gemessene Strömungskraft wird diese Abhängigkeit bestätigt. Gemäß den auftretenden Gesamtverlusten ergeben sich geringe Unterschiede zwischen den gemessenen und errechneten Strömungskräften; es hat sich jedoch gezeigt, daß die theoretische Herleitung der Strömungskräfte aus dem Impulssatz für diese Hauptstufenkegelkolben in 1. Näherung anwendbar ist.

In der Praxis wird der 20°-Kolben als Hauptstufe in Regelventilen eingesetzt ($\beta_H = 10^o$ bis 20°). Bei diesen Winkeln treten also größere Strömungskräfte als Störgrößen auf. Die 40°-Hauptstufe wird in der Praxis für Schaltventile verwendet ($\beta_H = 30^o$bis45^o).

In Bild 3.27 sind die gemessenen und nach dem Impulssatz gerechneten Strömungskräfte für die beiden Kolbengeometrien III/2 und III/3 als Funktion der Druckdifferenz Δp aufgetragen. Im Gegensatz zum Typ III/1 liegen hier ein zylindrischer Kolben auf einer in die Hülse eingearbeiteten Kegelfläche auf (s. Bild 2.2b). Die Druckwirkfläche A_A bleibt unabhängig vom jeweiligen Öffnungshub konstant. Da bei III/2 ein Flächenverhältnis 1:1 verwirklicht ist (A_B = o), lautet die einfache Beziehung für das Kraftgleichgewicht am Kolben

$$F_{Str\,M} = p_A \cdot A_A - F_G \qquad (3.5o)$$

Kolben III/1 besitzt eine Ringfläche A_B, die außerhalb des Steuerquerschnittes A_S liegt. Daher wirkt auf diese Ringfläche ein Druck, der nicht dem Druck im Öffnungsquerschnitt entspricht, sondern in erster Näherung dem Druck p_B im Auslauf gleich gesetzt wird. Somit lautet das Kraftgleichgewicht für III/3:

$$F_{Str\,M} = p_A \cdot A_A + p_B \cdot A_B - F_G \tag{3.51}$$

In Bild 3.27 sind die nach diesen Beziehungen aus den Meßgrößen bestimmten Strömungskräfte den nach dem Impulssatz (3.48) gerechneten gegenübergestellt. Generell sind die Strömungskräfte beim Kolben III/2 aufgrund des größeren Kolbendurchmessers für gleiches Δp größer als bei III/3. Bild 3.27 zeigt weiterhin, daß die mit Hilfe des Impulsaustausches berechneten Strömungskräfte größer sind als die gemessenen. Durch die Festlegung der Kontrollfläche bei III/2 und III/3 erfaßt man auch Impulskräfte, die auf den kegeligen Teil der Hülse wirken. Dadurch weicht der analytische Ansatz von den Meßbedingungen ab. Mit zunehmender Öffnung x steigt der Impulsaustausch mit der Hülse an, so daß die berechnete Strömungskraft zu groß wird.

Bild 3.28 zeigt die für die Kolben III/1 und III/3 gemessene Strömungskraft und den Volumenstrom in Abhängigkeit vom Öffnungsweg x. Dabei wird - wie schon erwähnt - im Bereich kleinerer Wege x der Eingangsdruck p_A konstant gehalten (p_B = o); im Bereich größerer Öffnungen fließt der nahezu konstante Pumpenstrom durch das Ventil. Die Strömungskraftverläufe steigen mit x zunächst ungefähr linear an und fallen nach Erreichen eines Maximums hyperbolisch ab.

Die große Differenz hinsichtlich der Strömungskräfte bei beiden Ausführungsarten ist auf eine anders geartete Druckverteilung im Bereich des Steuerquerschnittes und auf anders gelagerte Druckwirkflächen am Kolben zurückzuführen. Während bei Ausführung III/3 die Druckwirkfläche hinter dem Öffnungsquerschnitt außerhalb des Gebietes hoher Strömungsgeschwindigkeiten liegt, befindet sich bei III/1 die entsprechende Druckwirkfläche als Kolbenkegelfläche direkt am Öffnungsquerschnitt. Aufgrund der im Ringspalt auftretenden hohen Strömungsgeschwindigkeiten sinkt an der Kolbenfläche III/1 der statische Druck stark ab, was bei III/3 an der entsprechenden Ringfläche nicht auftritt. In einem weiteren Bereich um das Strömungskraftmaximum (kleines x, großes Q, s. Bild 3.28) tritt an den Versuchsobjekten wegen sehr hoher Strömungsgeschwindigkeiten deutlich hörbare Kavitation auf. Da im Fall der Kavitation sogar

Unterdrücke im Steuerquerschnitt auftreten, bedingen diese Unterdrücke bei III/1 einen zusätzlichen Druckkraftverlust am Kolbenkegel und somit eine wesentlich größere Strömungskraft als bei III/3.

Anschließend wurde im Versuch die Hauptstufe III/1 vom Anschluß B her durchströmt, um die Kräfteverhältnisse und die auftretenden Strömungskräfte bei dieser Durchflußrichtung zu untersuchen.

Grundsätzlich ist in diesem Fall zu beachten, daß bei der Durchströmrichtung von B nach A andere Druckkraftverteilungen als bei Strömung von A nach B auftreten. Der am Anschluß B liegende Systemdruck wirkt auf die sehr kleine Ringfläche $A_B(x)$, während der Rücklaufdruck (bei anderen Ventilfunktionen der variierende Lastdruck) die große Kolbenfläche $A_A(x)$ beaufschlagt. Somit erzeugen Last- bzw. Rückdruckänderungen große Kraftänderungen am Hauptstufenkolben.

Entsprechend der geänderten Druckkraftverteilung wirken auf die Fläche $A_B(x)$ statt des Druckes p_S in diesem Fall der Systemdruck p_B, so daß die Strömungskraft meßtechnisch mit dem Ansatz

$$F_{StrM(B \to A)} = p_B \cdot A_B(x) + p_A \cdot A_A(x) - F_G \qquad (3.52)$$

zu ermitteln ist. Die bei gleichem Öffnungshub x auftretenden Volumenströme sowie die gemessene und theoretische Strömungskraft bei beiden Anströmrichtungen werden in Bild 3.29 dargestellt. Die Höhe der Strömungskraft $F_{StrM(B \to A)}$ entspricht der Strömungskraft $F_{StrM(A \to B)}$. Der aus dem Volumenstrom errechnete Impulsaustausch F_{Strth} bestätigt dieses.

Die Strömungskraftuntersuchungen an den Hauptstufen führen insgesamt zu folgendem Ergebnis:

1) Bei Betrachtung der Kraftverhältnisse an kegeligen Hauptstufenkolben muß die Hubabhängigkeit der Druckwirkflächen berücksichtigt werden; die unter dieser Voraussetzung auftretenden Strömungskräfte sind als Impulsaustausch berechenbar.

2) Der Einfluß des Kegelwinkels β_H geht aus dem Impulssatz hervor; die Strömungskräfte nehmen mit zunehmendem Winkel ab, wie auch die Messungen bestätigen.

3) Die zylindrischen Hauptstufenkolben wiesen geringere Strömungskräfte auf als die Hauptstufenkolben mit Kegelstumpf, da aufgrund anders gelagerter Druckwirkflächen die Druckkraftveränderungen durch die Strömung niedriger sind.

4. Experimentelle und rechnerische Untersuchungen vorgesteuerter Druckbegrenzungsventile

4.1 Versuchs- und Meßaufbau zur Untersuchung der Druckventile

Bild 4.1 zeigt die Versuchsanordnung mit der Druckversorgungseinheit, einem Versuchsventil und dem dazugehörigen Meßaufbau. Die Versorgungseinheit ist so aufgebaut, daß durch Verstellen des Belastungswiderstandes R_L der Volumenstrom durch das Ventil verändert und somit statische Kennlinien $p_A = f(Q)$ und $x = f(Q)$ ermittelt werden können. Ebenso ist es vom Versuchsaufbau her möglich, durch plötzliches Schalten eines Schnellschaltventils (Schaltzeit < 4 ms) den Laststrom abzusperren. Somit sind auch Sprungfunktionen zu erzeugen, deren Sprungantworten mit Hilfe eines Transientenspeichers auf einem X-Y-Schreiber registriert werden. Der Belastungswiderstand R_L ermöglicht es, im dynamischen Betriebsfall zu den sprungartigen Änderungen des Ventilstromes von 0 auf große Werte zusätzliche Volumenstromsprünge von kleinen auf größere oder von großen auf kleinere Werte durchzuführen.

4.2 Erstellen eines Analogrechnermodells

Wegen der für Hydrauliksysteme typischen Nichtlinearitäten ist eine analytische Lösung der Systemgleichungen nicht sinnvoll, da eine Linearisierung unzulässige Vereinfachungen erfordern würde. Der Analogrechner erlaubt die Darstellung nichtlinearer Zusammenhänge und bietet für die Untersuchung und die Optimierung schwingungsfähiger Systeme wie Druckventile einen entscheidenden Vorteil: Im Gegensatz zum Digitalrechner sind die Auswirkungen von Parametervariationen auf das Systemverhalten direkt erkennbar.

Da an einem Analogrechner den Systemvariablen analoge Spannungen zugeordnet werden (hier max. 1oV), müssen sämtliche Gleichungen des mathematischen Modells auf Maximalwerte bezogen werden /21/. Vielfach können sinnvolle Maximalwerte aus geometrischen Abmessungen entnommen oder aus bereits vorliegenden Meßergebnissen abgeschätzt werden. Für die Berechnung eines in Wirklichkeit sehr schnell ablaufenden Einschwingvorganges (< 2o ms) wird eine Zeittransformation des Modells vorgenommen. Der Rechner läßt diesen Prozeß für das vorliegende Modell 1ooo-mal langsamer ablaufen, so daß gerechnete Sprungantworten direkt mit einem X-Y-Schreiber aufgezeichnet werden können.

Bild 4.2 zeigt den mit Hilfe der normierten Gleichung erstellten Analogrechnerschaltplan, der die gleichen Zusammenhänge wie das Blockschaltbild darstellt. Durch Umschalten der Funktionsrelais FR 1 oder FR 3 können verschiedene Widerstandskombinationen simuliert werden.

Die Komparatoren C3 und C1 bestimmen den Bewegungsbeginn des Vor- und Hauptstufenkolbens. Um die Auswertung von Dämpfungsgrad, Frequenz und Druckspitzen nicht anhand einer aufgezeichneten Sprungantwort (Ablesefehler) vornehmen zu müssen, wird der Rechenvorgang jeweils bei Erreichen eines Druckmaximums oder -minimums gestoppt (s. Komparator C6). Es können dann die exakten Extremwerte der Funktion und die Werte des Zeitintegrierers am Digitalvoltmeter abgelesen und die Kennwerte daraus errechnet werden.

Neben dem Analogteil mit seinen Rechenkomponenten besitzt der Analogrechner einen Logikteil zur Steuerung des Rechenablaufs (Bild 4.3).

Der linke Teil der Schaltung dient der Zeitachsensteuerung des X-Y-Schreibers, die logischen Verknüpfungen im rechten Teil bestimmen die Betriebsart der Integrierketten zur Simulation der Vor- und Hauptstufenbewegung.

4.3 Vergleich gemessener und gerechneter statischer Kennlinien und Sprungantworten

Das statische Verhalten von Druckventilen ist bestimmt durch die Durchflußcharakteristiken der Vor- und Hauptstufe sowie der Strömungswiderstände und durch die Kräftegleichgewichte an Vor- und Hauptstufenkolben (Druck-, Feder- und Strömungskräfte). Stimmen gemessene und gerechnete Kennfelder überein, so sind die genannten Zusammenhänge richtig simuliert.

Zunächst werden nur gemessene und gerechnete Kennlinien der Vorsteuerstufe (s. Bild 3.7) miteinander verglichen. Da nach Kapitel 3.3.3 die Strömungskraft an der Vorstufe vernachlässigbar ist, ergibt die Simulation unter Vernachlässigung derselben eine recht gute Übereinstimmung mit der Messung. Der schon bei kleinen Volumenströmen auftretende Druckanstieg ist demnach fast ausschließlich auf die Zunahme der Federkraft zurückzuführen, da der Vorstufenkegel mit steigendem Volumenstrom weiter öffnet.

Eine weitere Überprüfung des Rechnermodells kann durch Vergleich gemessener und gerechneter statischer Kennfelder des Gesamtventils erfolgen. Bild 4.4 zeigt derartige Kennlinien des Ventils Typ I bei einem Solldruck von 1oo bar. Aufgetragen sind die Verläufe des Systemdruckes p_A, des Steuerdruckes p_X und der Kolbenwege x und y in Abhängigkeit vom Volumenstrom Q durch das Ventil. Die auftretende Hysterese ist auf trockene Reibung in der Hauptstufe zurückzuführen. Da die Reibkräfte im Analogrechnermodell nicht berücksichtigt werden, weisen die gerechneten Kennlinien keine Hysteresen auf. Meß- und Simulationsergebnisse stimmen aber im Verlauf recht gut überein.

Das dynamische Verhalten vorgesteuerter Druckbegrenzungsventile wird mit Hilfe von Sprungantworten untersucht, die durch Störgrößensprünge (sprungartige Änderungen des Volumenstromes durch das Ventil) und Führungsgrößensprünge (sprungartige Änderung des Solldruckes bzw. der Federvorspannkraft an der Vorsteuerstufe) erzeugt werden. Bei dem schnell ablaufenden Einschwingvorgang werden im Versuch die Größen p_A, x und y mit Hilfe eines Transientenspeichers gleichzeitig abgespeichert und nacheinander zeitgedehnt mit dem X-Y-Schreiber aufgezeichnet. In die so erstellten Meßschriebe können wiederum mit einem X-Y-Schreiber die Simulationsergebnisse eingezeichnet werden. Somit ist ein direkter Vergleich von Meß- und Rechenergebnissen auch für dynamische Vorgänge möglich.

Bild 4.5 zeigt als Beispiel einene Einschwingvorgang des Systemdruckes p_A und der Kolbenwege x und y bei sprungartiger Volumenstromänderung (Q von o auf 8o l/min).

Nach dem Schließen des Schnellschaltventils steigt der Druck p_A im System in Abhängigketi vom Pumpenförderstrom und der Kapazität $C_H = \frac{V_{OP}}{E_{öl(p)}}$ bis zum Erreichen des Sollwertes an. Zu diesem Zeitpunt öffnet die Vorsteuerstufe (y) und läßt den Steuerdruck p_X absinken. Die Hauptstufe öffnet verzögert aufgrund ihrer Massenträgheit und vor allem wegen der durch die Blende R_2 gedrosselten Ölverdrängung. Somit kommt es zu einer Druckspitze und einem nachfolgenden Einschwingvorgang. Aufgrund der hohen Druckänderungsgeschwindigkeit im System beginnt allerdings die Hauptstufe noch vor dem Erreichen des Solldruckes zu öffnen. Abgesehen von überlagerten höherfrequenten Schwingungen, die von der Druckpulsation der Axialkolbenpumpe herrühren und bei der Simulation unberücksichtigt bleiben, stimmen die gerechneten Kennlinien weitgehend mit den Versuchsergebnissen überein. Durch Vergleich derartiger gemessener und gerechneter Kennlinen für einen weiten Betriebsbereich (verschiedene Drücke und Volumenströme) stellt man fest, daß auch die das dynamische Verhalten bestimmenden Größen wie hydraulische Kapazitäten ($E'_{öl}$), Beschleunigungs- und Dämpfungskräfte hinreichend genau im Rechnermodell simuliert werden.

Die in Bild 4.6 gemessenen und gerechneten Sprungantworten bei plötzlicher Änderung des Ventilstromes von 8o auf 4o l/min bestätigen ebenfalls die Richtigkeit der am Modell getroffenen Annahmen. Nach dem Öffnen des Schnellschaltventils erfolgt wegen der plötzlichen Volumenerweiterung ein steiler Druckeinbruch. Ebenso sinkt der Steuerdruck, und die Hauptstufe wird durch die Federkraft zunächst schnell und dann gegen den wieder ansteigenden Druck p_A verzögert zugeschoben. Nach Erreichen des Solldruckes öffnet die Vorstufe, und es erfolgt ein kurzer Einschwingvorgang auf den neuen statischen Zustand. Auch diese Art der Störgrößensprünge wird sehr genau simuliert.

Bei der Untersuchung von Führungsgrößensprüngen bietet der Analogrechner die Möglichkeit, Sprungantworten nach plötzlicher Änderung der Federvorspannkraft der Vorstufe aufzunehmen. Derartige Führungsgrößensprünge werden im Versuch verwirklicht, indem zwei Vorsteuerstufen mit unterschiedlich eingestellten Federvorspannkräften durch plötzliches Schalten eines Wegeventils abwechselnd mit der Hauptstufe verbunden werden. Wegen der Unterschiede zwischen Rechen- und Meßverfahren sind die jeweils ermittelten Sprungantworten mit entsprechenden Einschränkungen zu vergleichen. Die Ergebnisse dieser Untersuchungen werden in Kapitel 6.2 ausführlich erläutert.

5. Untersuchungsergebnisse des statischen Verhaltens vorgesteuerter Druckbegrenzungsventile (Analogrechnerstudie und Meßergebnisse)

Zur Beurteilung des statischen Verhaltens werden die charakteristischen Verläufe der Betriebsgrößen p_A, p_X, x und y als Funktion des Ventilstromes Q anhand statischer Kennlinien erläutert.

Ein Druckventil besitzt ein ideales Verhalten, wenn der eingestellte Solldruck schon beim geringsten Volumenstrom Q durch das Ventil erreicht wird und dieser Druck bei ansteigendem Q konstant bleibt. In der Praxis ergibt sich der in Bild 5.1 gezeigte steile Druckanstieg bei kleinen Q (im Bereich 1 arbeitet nur die Vorstufe) und die sich anschließende, relativ flach ansteigende Kennlinie (im Bereich 2 sind Vor- und Hauptstufe in Funktion).

Dieser Druckverlauf hat folgende Ursache: Bis zum Erreichen eines Kraftgleichgewichts zwischen öffnender Druckkraft auf den Vorstufenkegel und schließender Federvorspannkraft sind die Drücke p_A, p_V und p_X gleich. Öffnet bei steigendem Volumenstrom Q die Vorsteuerstufe, so nehmen p_V und p_X gemeinsam entsprechend der Kennlinie der Vorstufe (s. Skizze I in Bild 5.1) linear zu, während p_A aufgrund des quadratischen Durchflußgesetzes für den blendenförmigen Widerstand R_1 (s. Skizze II in Bild 5.1) näherungsweise quadratisch mit Q_V ansteigt.

Der Hauptstufenkolben öffnet, wenn die Druckkraft $p_A \cdot A_A(x)$ grösser wird als die Summe aus der Druckkraft $p_X \cdot A_X$ und der Federvorspannkraft. Die zunächst steil ansteigenden Druckkennlinien verlaufen flach weiter (Bereich 2). Zur Beurteilung dieses Ventilverhaltens lassen sich drei Kenngrößen heranziehen:

- $\Delta p_A / \Delta Q_H$ — Dieser Wert gibt den Anstieg des Systemdruckes Δp_A bei einer Volumenstromänderung ΔQ_H an und stellt die bezogene "Regelabweichung" dar. In [7] wird dieser Quotient als "Arbeitsgenauigkeit" des Ventils gekennzeichnet.

- ΔQ_V — ist der bei Öffnungsbeginn der Hauptstufe durch die Vorstufe fließende Ölstrom,

- $\frac{\Delta p_{AV}}{p_{AÖH}} = \frac{p_{AÖH} - p_{ÖV}}{p_{AÖH}}$ — gibt Auskunft darüber, wieviel % unterhalb des eigentlichen Öffnungsdruckes die Hauptstufe bereits zu öffnen beginnt.

Das statische Ventilverhalten ist am besten, wenn alle drei Kenngrößen möglichst klein sind; die bezogene Regelabweichung ist wegen des angestrebten Gleichdruckverhaltens die wichtigste Kenngröße.

Der Druckanstieg und damit die Regelabweichung werden primär durch die Strömungskraft und die Federkraft an der Hauptstufe verursacht. Dieser Druckanstieg erzeugt eine Volumenstromerhöhung durch die

Vorstufe. Da diese keine ideale (waagerechte) Kennlinie hat, steigt der Druck p_V an, wodurch die bezogene Regelabweichung zusätzlich vergrößert wird. Die Höhe der Volumenstromänderung durch die Vorstufe wird dabei auch entscheidend durch die Blendenanordnung und die Blendendurchmesser beeinflußt.

Im Folgenden werden die die Regelabweichung verursachenden und beeinflussenden Größen näher untersucht.

5.1 Einfluß der Strömungskräfte an der Hauptstufe

Die in Kapitel 3.4.4 definierte Strömungskraft ist eine in Schließrichtung auf die Hauptstufe wirkende Kraft, die als Hauptursache für die Regelabweichung gilt. Wie schon erwähnt, ist bei der kegeligen Hauptstufe III/1 die Strömungskraft dann gering, wenn der Kegelwinkel β_H groß und der Durchflußbeiwert α_{DH} möglichst klein ist (s.a. Gleichung 3.49).

Außerdem wurde gezeigt, daß die Strömungskraft an den kegeligen Kolben größer als an den zylindrischen Kolben ist. Ein weiterer entscheidender Nachteil der kegeligen Kolben besteht darin, daß die Druckwirkfläche $A_A(x)$ hubabhängig kleiner wird, während sie bei den zylindrischen Kolben konstant bleibt. Da im Druckventil das Kraftgleichgewicht an der geöffneten Hauptstufe am meisten von der öffnenden Druckkraft $p_A \cdot A_A(x)$ und der auf die konstante Steuerfläche A_X wirkenden Druckkraft $p_X \cdot A_X$ beeinflußt wird, führt die Abnahme der Druckwirkfläche $A_A(x)$ bei kegeligen Kolben zu einem p_A-Anstieg und so zu einer größeren bezogenen Regelabweichung.

Um die Auswirkungen der geringeren Strömungskraft am Kolben III/3 im Druckventil zu überprüfen, wurden im Ventil III die Hauptstufenausführungen 1 und 3 eingesetzt und die Kennlinien $p_A = f\ (Q)$ und $x = f\ (Q)$ gemessen.

Bild 5.2 zeigt die entsprechenden Verläufe des Druckes und des Hauptstufenweges in Abhängigkeit vom Volumenstrom. Die Druckkennlinie für Typ III/3 hat gegenüber III/1 einen bedeutend flacheren Verlauf. Dadurch ergibt sich eine deutliche Verbesserung hinsichtlich der Regelabweichung. Aufgrund des niedrigeren Durchfluß-koeffizienten α_{DH} beim scharfkantigen Kolben III/3 und der geringeren Druckdifferenz muß die Hauptstufe bei gleichem Volumenstrom allerdings etwas weiter öffnen.

Bild 5.3 zeigt die für alle drei Kolbentypen aus statischen Kennfeldern ausgewertete bezogene Regelabweichung in Abhängigkeit vom Solldruck. Die bereits erwähnte Verbesserung der Regelabweichung für Kolben III/2 und III/3 ist klar erkennbar. Außerdem ist eine Vergrößerung der Regelabweichung mit steigendem Solldruck festzustellen.

5.2 Einfluß der Federkraft an der Hauptstufe

Im Versuch wurden zwei Hauptstufenfedern unterschiedlicher Steifigkeit c_{FH} eingesetzt. Obwohl die Steifigkeit der harten Feder um den Faktor 23 größer war als die der weichen, ergibt sich bei weicher Feder nur eine geringfügig kleinere Regelabweichung (s. Bild 5.3). Das Bild macht deutlich, daß die Federkräfte im Vergleich zu den Strömungskräften eine untergeordnete Rolle spielen. Eine Überschlagsrechung ergab ein Verhältnis des Federkrafteinflusses zum Strömungskrafteinfluß von 1,14 %.

5.3 Einfluß des Widerstandsnetzwerkes zwischen Vor- und Hauptstufe

Die Verknüpfung des Systemdruckes p_A, des Steuerdruckes p_X und des Vorstufendruckes p_V erfolgt über ein Widerstandsnetzwerk, das aus Reihen- und Parallelschaltungen von maximal drei konstanten Strömungswiderständen besteht und, je nach Schaltung und Widerstandsdurchmesser, die Regeleigenschaften des Gesamtventils beeinflußt.

Die unterschiedlichen Schaltungsmöglichkeiten dieses Widerstandsnetzwerkes sind in Bild 5.4 enthalten. Durch Verändern der Lage des Dämpfungswiderstandes R_2 aus der Position R_2''' und R_2' am Verbraucheranschluß X oder nach R_2'' an den variablen Widerstand V entstehen drei verschiedene Netzwerke. Mit R_2''' wird Netzerk 3 gebildet. Netzwerk 2 ergibt sich mit Widerstandsposition R_2''; die

Parallelschaltung R_1 und R_3 wird durch den Gesamtwiderstand R_3 ersetzt. Durch Verwendung des Widerstandes R_2 in der Position R_2' und Zusammenfassung der parallelen Widerstände R_3 und R_1 zu R_1 entsteht Widerstandsnetzwerk 1.

Bild 5.5 zeigt die Abhängigkeit der bezogenen Regelabweichung von den Widerstandsdurchmessern; da am Widerstand R_3 die für das Kraftgleichgewicht am Hauptstufenkolben notwendige Druckdifferenz $\Delta p_{R3} = p_A - p_X$ erzeugt wird, wird der Widerstandsdurchmesser d_{E3} auf der Abszisse aufgetragen.

Der Durchmesser d_{R2} stellt den Kurvenparameter dar; die Bandbreiten der Kurven sind durch d_{R1} bestimmt.

Aus Bild 5.5 geht hervor, daß die bezogene Regelabweichung für das Widerstandsnetzwerk 3 unter folgenden Bedingungen klein wird:

- Der Durchmesser d_{R3} soll möglichst klein sein. Die zur Kompensierung der Störgrößen an den Hauptstufen immer notwendige Druckdifferenz $p_A - p_X$ bewirkt im statischen Zustand bei großem Durchmesser d_{R3} einen großen Volumenstrom durch R_3 und R_2. Dieser Volumenstrom erzeugt am Widerstand R_2 eine große Druckdifferenz Δp_{R2} und damit eine größere Abweichung zwischen Meßsignal (p_V) und Stellsignal (p_X). Zusätzlich entsteht bei größerem $Q_{R3} = Q_{R2}$ ein höherer Druckanstieg an der Vorstufe. Beide Effekte vergrößeren die Regelabweichung. Ein gutes statisches Verhalten erfordert also primär einen geringen Blendendurchmesser d_{R3}.

- Der Durchmesser d_{R2} soll möglichst groß sein. Da durch das Kraftgleichgewicht an der Hauptstufe die Druckdifferenz Δp_{R3} für einen bestimmten Betriebspunkt festliegt, ist bei konstantem d_{R3} der Volumenstrom durch den Widerstand R_2 vorgegeben. Damit ergibt sich bei Verringerung des Durchmessers d_{R2} eine größere Druckdifferenz $\Delta p_{R2} = p_X - p_V$, die die Regelabweichung erhöht.

  Zusätzlich muß wegen $\Delta p_{R1} = p_{R3} + p_{R2}$ die Druckdifferenz am parallel zu R_3 und R_2 liegenden Widerstand R_1 ansteigen. Bei konstantem d_{R1} entsteht daher ein größerer Volumenstrom Q_{R1}, und damit wird insgesamt der Strom durch die Vorstufe größer, was einen weiteren Anstieg der Regelabweichung hervorruft.

- Der Durchmesser d_{R1} soll möglichst gering sein. Eine Vergrößerung d_{R1} ergibt bei festliegender Druckdifferenz an der Reihenschaltung von R_3 und R_2 und damit an R_1 ein größeres Q_{R1}. Als Folge steigt der Volumenstrom Q_V und führt, entsprechend der steilen Kennlinie der Vorsteuerstufe, zu der Vergrößerung der Regelabweichung.

Das Netzwerk 2 besteht aus einer Reihenschaltung der Widerstände R_3 und R_2. Die bei Verwendung dieses Netzwerkes entstehende Regelabweichung ist in Bild 5.6 dargestellt. Ein geringes d_{R3} ergibt, wie bei Netzwerk 3, ein gutes Regelverhalten; kleine Durchmesser d_{R2} verschlechtern wegen der vorher genannten Zusammenhänge die Regeleigenschaften.

Im Netzwerk 1 ist der Widerstand R_2 so angeordnet, daß er nur durch das bei einer Hauptstufenbewegung verdrängte Ölvolumen durchströmt wird. Daher hat R_2 auf die Regelabweichung keinen Einfluß; Meßsignal (p_V) und Stellsignal (p_X) sind im statischen Zustand identisch.

Die Abhängigkeit der bezogenen Regelabweichungen von R_1 ist in Bild 5.7 dargestellt. Eine Vergrößerung von d_{R1} führt zu höheren Volumenströmen durch die Vorsteuerstufe. Der dadurch hervorgerufene Anstieg der Regelabweichung ist gegenüber den Netzwerken 2 und 3 relativ gering.

5.4 Einfluß der Vorsteuerstufe

Wie im Kapitel 3.3 erwähnt, ist der mit dem Vorstufenstrom ansteigende Druck p_V in erster Linie auf die Federkraftzunahme an der Vorstufe zurückzuführen. Somit bestimmt auch die Federsteifigkeit c_{FV} die Druck - Volumenstrom - Abhängigkeit (Regelabweichung) der Vorsteuerstufe. Da ein Ansteigen des Druckes p_V an der Vorstufe einen Anstieg des Systemdruckes p_A zur Folge hat, ergibt sich eine Erhöhung der Regelabweichung.

Bild 5.8 zeigt den nur geringen Anstieg der bezogenen Regelabweichung bei zunehmender Federsteifigkeit c_{FV}. Demnach hat die Steifigkeit der Vorstufenfeder und somit die Vorstufe selbst geringen Einfluß auf das statische Verhalten des Ventils. Allerdings bewirkt eine Volumenstromänderung an der Vorstufe eine stärkere Änderung der Regelabweichung als der hier gezeigte Einfluß der Federsteifigkeit.

5.5 Einfluß des Rücklaufdruckes

In der Regel sollte ein Druckbegrenzungsventil so in die hydraulische Steuerung eingebaut sein, daß der Ventilstrom nahezu drucklos zum Tank geführt wird. Da dies aus vielerlei Gründen nicht immer der Fall ist (sehr lange Leitung zum Tank, Rückschlagventil in der Rücklaufleitung, gemeinsamer Rücklauf vieler Verbraucher oder Filterung im Rücklauf), wird der Einfluß des Rücklaufdruckes auf das statische Verhalten untersucht.

Dabei sind zwei Fälle zu unterscheiden:

- interner Rücklauf des Vorstufenstromes in den Rücklauf der Hauptstufe (gemeinsamer Rücklaufdruck p_R)

- externer Rücklauf des Vorstufenstromes zum Tank (u.U. unterschiedlicher Rücklaufdruck p_{RH}, p_{RV})

Bei den meisten Ventilen wird der Rücklauf der Vorstufe gehäuse- oder blockintern dem Hauptstufenrücklauf zugeführt. Dabei wirkt an den Hauptstufenkolben mit einer Ringfläche hinter dem Steuerquerschnitt (z.B. III/1 oder III/3) bei erhöhtem Rücklaufdruck eine Kraft in öffnende Richtung, die die in Schließrichtung wirkende Strömungskraft teilweise kompensiert. Der Rücklaufdruck herrscht jedoch in diesem Falle auch im Federraum der Vorstufe und erhöht die in Schließrichtung wirkende Federkraft. Damit wirkt der Rücklaufdruck wie eine Solldruckerhöhung, wodurch die bezogene Regelabweichung sehr stark ansteigt (Bild 5.9).

Bei getrenntem Rücklauf des Vorstufen- und Hauptstufenstromes kann der an einem Widerstand im Rücklauf der Hauptstufe entstehende Rücklaufdruck die Regelabweichung verkleinern. Bild 5.9 zeigt ebenso die Abnahme der bezogenen Regelabweichung bei getrenntem Rücklauf in Abhängigkeit vom Rücklaufdruck p_{RH}. Da sich allerdings erst bei sehr hohen Drücken eine deutliche Verbesserung ergibt und andererseits getrennte Rücklaufleitungen der Vor- und Hauptstufe erforderlich sind, wird auf die bewußte Ausnutzung dieses Effektes vielfach verzichtet.

Zur Verbesserung des statischen Verhaltens sollte entweder der Rücklaufdruck p_R gering sein, oder aber der Vorstufenstrom muß zur Erreichung eines geringen Rücklaufdruckes p_{RV} getrennt zum Tank geführt werden.

5.6 Einfluß des Flächenverhältnisses an der Hauptstufe

Die Analogrechnerstudie erbrachte den Nachweis, daß das Flächenverhältnis A_A/A_X an der Hauptstufe nur sehr geringen Einfluß auf die Regelabweichung hat.

Weiter ergab sich durch die Simulation des statischen Verhaltens, daß die Vorstufe bei Verkleinerung des Flächenverhältnisses weiter unterhalb des Öffnungsdruckes der Hauptstufe öffnet, wodurch die Öffnungsdruckdifferenz $p_{ÖH}$ an der Hauptstufe größer wird. Bild 5.1o zeigt diese Abhängigkeit. Das Öffnen der Vorstufe nur knapp unterhalb des Solldruckes der Hauptstufe ist beim Flächenverhältnis 1:1 allein bestimmt durch die Federvorspannkraft der Hauptstufe.

Die aufgrund der Druckübersetzung an der Hauptstufe entstehende ansteigende Druckdifferenz bei kleiner werdendem Flächenverhältnis liegt auch am Widerstand R_1 an. Somit werden Q_{R1} und Q_V größer. Auch diese lineare Abhängigkeit ist in Bild 5.1o eingetragen.

6. Untersuchungsergebnisse des dynamischen Verhaltens vorgesteuerter Druckbegrenzungsventile (Analogrechnerstudie und Meßergebnisse)

Wie anhand des in Kapitel 2.1 dargestellten Blockschaltbildes zu erkennen ist, besteht ein vorgesteuertes Druckbegrenzungsventil aus einem mehrfach vermaschten Regelkreis. Das Leitungssystem vor dem Ventil stellt die Regelstrecke und das Ventil den Regler dar. Dieses schwingungsfähige System kann durch sprungartige Druckänderungen nach dem Schalten von Verbrauchern zu instabilem Betriebsverhalten angeregt werden.

Beim Auftreten von Schwingungen ist zwischen Instabilität der Vorsteuerstufe und Instabilität des Gesamtventils zu unterscheiden. Im letzten Fall entstehen, entsprechend der pulsierenden Öffnungsänderung der Hauptstufe, Druckschwingungen hoher Amplitude, die Reaktionen im gesamten Hydrauliksystem auslösen. Diese können zu Beschädigungen der Anlage führen, so daß ein Einsatz des Ventils unter solchen Umständen problematisch ist. Sind die Auswirkungen der Einflußgrößen auf das Schwingungsverhalten bekannt, kann durch Änderung dieser Parameter stabiles Betriebsverhalten erreicht werden. Die Ergebnisse einer umfangreichen Analogrechnerstudie machen deutlich, wie stark das dynamische Verhalten von bestimmten Einflußgrößen abhängig ist. Die Rechenergebnisse werden durch Versuchsergebnisse bestätigt.

Aus Sprungantworten aufgrund von Störgrößen- und Führungsgrößensprüngen werden folgende dynamische Kenngrößen ausgewertet (Bild 6.1):

- der Dämpfungsgrad D der Druckschwingung vor dem Ventil

- die Frequenz f dieser Schwingung

- die auf den Solldruck bezogene maximale Druckspitze $\overline{p}$.

Die Schwingungsneigung eines Druckventils ist durch den Dämpfungsgrad gekennzeichnet. Daher hat diese Kenngröße für das dynamische Verhalten die wichtigste Bedeutung.

Anhand einer schematisch dargestellten Sprungantwort des Druckes p_A nach einem Störgrößensprung (plötzlicher Anstieg des Volumenstromes) wird die Auswertung der genannten Kenngrößen erläutert (Bild 6.1a).

Zur Vereinfachung werden die Sprungantworten des Ventils wie Übergangsfunktionen von Systemen 2. Ordnung behandelt. Dann kann der Dämpfungsgrad D aus der Abnahme der Amplitude bestimmt werden [22]. Die Frequenz der Druckschwingung vor dem Ventil resultiert aus den zeitlichen Folgen der Druckamplituden. Die maximale Druckspitze kann aus den Sprungantworten direkt entnommen werden und wird auf den Solldruck bezogen.

Ein Störgrößensprung durch plötzliche Verringerung des Ventilstromes erzeugt den in Bild 4.6 gezeigten Einschwingvorgang. Der Systemdruck p_A sinkt zunächst auf einen minimalen Wert ab; der eingestellte Solldruck wird erst nach einer gewissen Zeit wieder erreicht. Die interessierende Größen bei diesem Vorgang sind der auf den Solldruck bezogene Druckeinbruch $\overline{p}$ und die Druckeinbruchszeit t_E (Bild 6.1b).

Für die Analogrechnersimulation wurde statt einer sprungartigen Laststromänderung bei konstantem Pumpenförderstrom eine sprungartige Änderung des Pumpenförderstromes simuliert (Q_L = o).

6.1 Einfluß bestimmter Parameter aufgrund von Störgrößensprüngen (aus der Ruhelage des Ventils in den Regelbereich)

6.1.1 Einfluß der Betriebsgrößen: Solldruck, Volumenstrom und Rücklaufdruck

Für direktgesteuerte Druckbegrenzungsventile hat Brodowski [1] bereits anhand eines Durchflußkennlinienfeldes nachgewiesen, daß die Dämpfung bei höheren Solldrücken und niedrigen Volumenströmen abnimmt.

Bei vorgesteuerten Druckbegrenzungsventilen wird eine zusätzliche Dämpfung der Kolbenbewegung der Hauptstufe durch den Widerstand R_2

erzeugt. Der Einfluß des Solldruckes aufgrund dieser Dämpfungsmöglichkeit kann an einem statischen Kennfeld erläutert werden (Bild 6.2). Für einen bestimmten Volumenstrom Q_H ist bei einem hohen Solldruck die Hauptstufenöffnung kleiner als bei einem niedrigen Solldruck ($x_2 < x_1$). Entstehen in dem System durch Sprungerregung bestimmte Druckpulsationen Δp_A, so erzeugt eine bestimmte Pulsation bei hohen Solldrücken relativ kleine Hauptstufenbewegungen Δx_2, während bei niedrigeren Solldrücken die Wegänderungen Δx_1 beträchtlich höher sind. Aufgrund der Kolbenbewegung der Hauptstufe wird aus dem Steuerölraum V_{oX} Druckmedium durch R_2 verdrängt. Bei niedrigen Solldrücken bewirken Wegeschwingungen große Volumenstromänderungen ΔQ_{R2}, die durch die am Widerstand R_2 auftretenden größeren Verluste einen Teil der Schwingungsenergie in Reibungswärme umwandeln und dadurch die Hauptstufenbewegung dämpfen.

Mit kleiner werdendem Solldruck steigt deshalb der Dämpfungsgrad D (Bild 6.3).

Bei niedrigen Solldrücken entstehen höhere Druckspitzen, weil das Ventil weiter öffnen muß; wegen der länger andauernden Öffnungsbewegung erfolgt keine schnelle Reaktion zur Vermeidung von Druckspitzen. Die Frequenz nimmt mit steigendem Solldruck zu.

Der Einfluß des Pumpenförderstromes Q_P auf die dynamischen Kennwerte ist in Bild 6.4 dargestellt.

Große Volumenströme rufen hohe Druckanstiegsgeschwindigkeiten hervor, so daß die Druckspitzen wegen der begrenzten Reaktionsgeschwindigkeit des Hauptstufenkolbens stärker ansteigen. Mit höherem Volumenstrom nimmt der Dämpfungsgrad zu; die Frequenz wird geringer.

Der Rücklaufdruck p_R hat bei interner Steuerölrückführung beträchtlichen Einfluß. Beim dynamischen Verhalten bewirkt die Zunahme von p_R ein Ansteigen des Dämpfungsgrades und eine gleichzeitige Abnahme der Druckspitze (Bild 6.5). Auf die Frequenz hat der Druck p_R nur geringen Einfluß. Durch Erhöhen des Rücklaufdruckes kann daher eine Stabilisierung des dynamischen Verhaltens erreicht werden. Diese Maßnahme führt allerdings zur Verschlechterung der statischen Eigenschaften.

6.1.2 Einfluß von Systemgrößen: hydraulische Kapazitäten, Strömungskraft an der Hauptstufe und Öltemperatur

Nach folgender Gleichung

$$\dot{p} = \frac{dp_A}{dt} = \frac{E'_{Öl}}{V_{oP}} (Q_P - Q_H - Q_{R1} - Q_{R3}) \qquad (3.53)$$

ist die Druckanstiegsgeschwindigkeit $\dot{p}_A$ umso größer, je kleiner das Volumen V_{oP} und je größer der Ersatzkompressionsmodul $E'_{Öl}$ ist. Bei kleinem V_{oP} wird das Ventil bei vorgegebenem Pumpenstrom intensiver angeregt als bei größerem; Dämpfungsgrad und Frequenz nehmen zu (Bild 6.6). Wegen der begrenzten Reaktionsgeschwindigkeit des Ventils steigt auch die Druckspitze an.

Die mit Hilfe des Analogrechners ermittelten Ergebnisse sind den Versuchsergebnissen gegenübergestellt.
Sie zeigen, daß mit Verkleinern des Vorvolumens eine stabilere Arbeitsweise bei höheren Frequenzen erzielt werden kann. Dieser Stabilisierungsmaßnahme werden Grenzen gesetzt durch den vorgegebenen Aufbau der Anlage und durch die zulässige Höhe der Druckspitzen.

Das Steuerölvolumen V_{oX} zwischen der Federseite des Hauptstufenkolbens und den Widerständen R_2 und R_3 hat ebenfalls Einfluß auf die dynamischen Kennwerte. Nach sprungartigem Anstieg des Systemdruckes p_A tritt eine Störung des Kraftgleichgewichts am Hauptstufenkolben auf, weil bei vergrößertem Volumen V_{oX} der Steuerdruck p_X nur verzögert ansteigt.

$$\dot{p}_X = \frac{E_{Öl}}{V_{oX}} (Q_{R3} + Q_{R2} + A_X \cdot \dot{x}) \qquad (3.54)$$

Dies kann zur Öffnung der Hauptstufe vor Erreichen des Solldrucks (Voröffnung) führen. Für einen raschen Anstieg des Steuerdruckes p_X sind bei großem V_{oX} größere Volumenströme Q_{R3} und Q_{R2} und größeres $\dot{x}$ notwendig. Dadurch wird ein schnelleres Öffnen der Hauptstufe erreicht; die Druckspitzen sind geringer und die Frequenz höher.

Eine Vergrößerung des Volumens V_{oV} vor dem Vorstufenkegel bewirkt ein langsameres Ansteigen von p_V; die Druckdifferenzen $\Delta p_{R1}=p_A-p_V$ und $\Delta p_{R2} = p_X - p_V$ werden größer. Es kann ein größerer Volumenstrom Q_{R2} von X nach V fließen, der ein schnelleres Öffnen der Hauptstufe zuläßt. Damit sinken die Druckspitzen. Die Frequenz steigt, und der Dämpfungsgrad wird kleiner.

Während die Strömungskraft an der Vorstufe einen kaum feststellbaren Einfluß auf das dynamische Verhalten hat und daher im Analogrechnermodell vernachlässigt wurde, führen Änderungen der Strömungskraft an der Hauptstufe zu einer beträchlichen Beeinflussung des dynamischen Verhaltens (Bild 6.7).

Dabei bewirken höhere Strömungskräfte eine Zunahme des Dämpfungsgrades und eine Abnahme der Druckspitzen. Die Frequenz bleibt nahezu gleich.

Wegen der blendenartigen Durchflußcharakteristik der variablen und konstanten Strömungswiderstände im Ventil wird aufgrund einer Änderung der Öltemperatur ϑ das durch diese Widerstände bedingte Ventilverhalten kaum beeinflußt. Allerdings bewirkt eine höhere Öltemperatur wegen der geringen Viskosität eine Abnahme der Flüssigkeitsreibungskräfte in der Kolbenführung der Hauptstufe (s. Kapitel 3.4.3). Das ist gleichbedeutend mit einer schwächeren Dämpfung der Hauptstufenbewegung. Der temperaturabhängige Reibungswert d_H sinkt, wodurch die Druckspitze sich verringert und die Frequenz höher wird.

6.1.3 Einfluß konstruktiver Größen: Widerstandsnetzwerke, Flächenverhältnis, Federsteifigkeiten, Kolbenmassen

Durch die bereits in Kapitel 5 beschreibenen Widerstandsnetzwerke lassen sich nicht nur das statische Verhalten, sondern auch das dynamische Verhalten in einem weiten Bereich beeinflussen. Dabei bieten diese Widerstandsnetzwerke die Möglichkeit, unabhängig von den vom Ventil oder vom gesamten Hydrauliksystem vorgegebenen Bedingungen die dynamischen Kennwerte in ihrer Höhe durch einfache Variation der Widerstandsgrößen und Anordnungen zu verändern. Die Änderung von Dämpfungsgrad, Frequenz und bezogener Druckspitze durch Variation der Widerstände R_1, R_2, R_3 im Netzwerk 3 wird in Bild 6.8 gezeigt.

Die dynamischen Kennwerte sind als Funktion des Blendendurchmessers d_{R3} mit d_{R2} als Parameter aufgetragen. Die Änderung des Blendendurchmessers d_{R1} beeinflußt die Bandbreite der Kurvenverläufe.

Während der Dämpfungsgrad bei geringen Durchmessern d_{R3} relativ niedrig ist, kann er bei großen d_{R3} durch Verkleinern von d_{R2} beträchtlich angehoben werden. Die durch das Kraftgleichgewicht an der Hauptstufe erforderliche Druckdifferenz $p_A - p_X$ führt bei großem Durchmesser d_{R3} zu einem großen Volumenstrom Q_{R3}. Das hohe Q_{R3} und das von der Hauptstufe verdrängte Ölvolumen erzeugen vor allem bei kleinem d_{R2} ein hohes Druckgefälle am Widerstand R_2. Die dadurch auftretenden hohen Drosselverluste an R_2 führen zu einem hohen Dämpfungsgrad.

Die untere Grenze der Bandbreiten entsteht bei einem Durchmesser d_{R1} = o,5 mm. Durch Variation von d_{R1} kann die Dämpfung allerdings nur geringfügig geändert werden.

Die Frequenz wird bei geringem Durchmesser d_{R2} durch Erhöhen von d_{R3} stark verringert. Im Gegensatz dazu erfolgt bei grossem d_{R2} ein geringfügiger Anstieg der Frequenz mit zunehmendem d_{R3}. Die durch d_{R1} bestimmte Bandbreite gewinnt für die Frequenz bei geringem d_{R3} an Bedeutung.

Die bezogenen Druckspitzen nehmen mit steigendem d_{R3} und abnehmendem d_{R2} zu. Bei großem d_{R3} und kleinem d_{R2} wird ein relativ schneller Druckaufbau über R_3 und ein relativ langsamer Druckabbau über R_2 verursacht. Dadurch öffnet die Hauptstufe nur langsam, und es treten hohe Druckspitzen auf.

In Bild 6.9 sind die dynamischen Kenngrößen D, f, $\bar{p}$ des Widerstandnetzwerkes 2 dargestellt. Netzwerk 2 besitzt im Gegensatz zu 3 nur die Widerstände R_3 und R_2. Der Steuerölpfad über Widerstand R_1 ist für diesen Fall abgesperrt. Aus der vorherigen Parallel- und Reihenschaltung der drei Widerstände wird eine Reihenschaltung aus den Widerständen R_3 und R_2. Netzwerk 2 zeigt in seinen dynamischen Kennwerten geringe Abweichungen gegenüber Netzwerk 3.

Während die Verläufe für die Dämpfung bei d_{R2} = 1,6 und 1,2 innerhalb der Bandbreiten des Netzwerks 3 liegen, wird die Dämpfung für d_{R2} = o,8 höher als im Netzwerk 3. Durch das Fehlen des Bypasses durch R_1 kann bei einem Druckanstieg der Steuerdruck p_V - im Gegensatz zu Netzwerk 3 - nicht direkt durch den zufließenden Volumenstrom Q_{R1} zunehmen. Das niedrigere Niveau des Druckes p_V ermöglicht ein größeres Q_{R2} und somit eine höhere Dämpfung durch den Widerstand R_2.

Die Verläufe der Frequenz für Netzwerk 2 besitzen bei d_{R2}=1,2 und 1,6 mm nur geringfügige Abweichungen gegenüber dem Netzwerk 3. Erst bei d_{R2} = o,8 ergeben sich für Netzwerk 2 niedrigere Frequenzen.

Die Höhe der Druckspitzen beim Netzwerk 2 liegt innerhalb der Bandbreite der Druckspitzenverläufe von Netzwerk 3.

Im Widerstandsnetzwerk 1 entsteht ein Volumenstrom durch den Widerstand R_2 nur durch das bei Kolbenbewegungen der Hauptstufe verdrängte Ölvolumen. Wegen des fehlenden, überlagerten Volumenstromes Q_{R3} durch R_2 (der im Netzwerk 3 vorhanden war) entsteht bei einer bestimmten Hauptstufengeschwindigkeit eine geringere Druckdifferenz Δp_{R2} an R_2 als im Netzwerk 3 (<u>Bild 6.1o</u>). Diese Druckdifferenz hat einen bedeutenden Anteil an der Dämpfung der Hauptstufe. Deshalb ist generell in Netzwerk 1 bei steigendem d_{R1} trotz abnehmender d_{R2} der Dämpfungsgrad wesentlich niedriger als im Netzwerk 2 (<u>Bild 6.11</u>).

Die Verläufe der Frequenz steigen über d_{R1} an. Im Vergleich mit Netzwerk 3 hat d_{R2} geringen Einfluß auf die Frequenz. Erst bei einem sehr kleinen Dämpfungsblendendurchmesser d_{R2} = o,5 mm wird die Frequenz herabgesetzt.

Die bezogenen Druckspitezn liegen beim Netzwerk 1 unter denen von Netzwerk 3 und 2, was auf eine Öffnung der Hauptstufe vor Erreichen des Solldruckes zurückzuführen ist. Diese Voröffnung ist dadurch zu erklären, daß zwischen A und X ein hoher Widerstand in Form der Reihenschaltung von R_1 und R_2 liegt. In Netzwerk 3 und 2 liegt an dieser Stelle nur der Widerstand R_3.

Das Flächenverhältnis A_A/A_X ist eine weitere konstruktive Größe, die Einfluß auf das dynamische Ventilverhalten hat. Da das Flächenverhältnis die Druckkräfte $p_A\ A_A$ und $p_X\ A_X$ mitbestimmt, wird bei Verkleinern der Druckwirkfläche A_A gegenüber A_X der Krafteinfluß einer Druckschwankung Δp_A herabgesetzt. Mit Verkleinern des Flächenverhältnisses nehmen deshalb die Dämpfung und die bezogene Druckspitze zu, während die Frequenz abnimmt (Bild 6.12).

Die Einflüsse der Federsteifigkeit und der Kolbenmassen der Vor- und Hauptstufe auf das dynamische Verhalten des Gesamtventils sind gering. Das Zeitverhalten des Ventilsystems wird kaum beeinflußt durch die Eigenfrequenz der Feder-Masse-Systeme $(\omega_H=\sqrt{\frac{c_{FH}}{m_H}};\ \omega_V=\sqrt{\frac{c_{FV}}{m_V}})$, sondern in erster Linie durch den Hauptstufenwiderstand und das Leitungsvolumen V_{oP} sowie die R-C-Glieder der Vorsteuerung (s.Anfang 6.1.3). Allerdings wird die Eigenfrequenz der Vorstufe selbst durch die Steifigkeit c_{FV} bestimmt, so daß eine Einflußnahme auf Resonanzerscheinungen durch Änderung von c_{FV} möglich ist.

6.1.4 Einfluß eines Dämpfungskolbens in der Vorsteuerstufe

Generell besitzen Vorsteuerstufen in Kegel-Sitz-Ausführung nur eine geringe Dämpfung durch die flüssige Reibung am Kegelkolben. Durch Verwendung von Dämpferkolben in der Vorsteuerstufe (s. Bild 1.4) kann die Dämpfung der Kolbenbewegung erhöht werden. Ein mit dem Kegel verbundener Dämpferkolben behindert aber ein schnelles Reagieren der Vorstufe auf Druckänderungen und läßt damit die Druckspitzen stärker ansteigen. Wird der Dämpferkolben nur durch eine Feder gegen den Kegel gedrückt, so kann die Vorstufe ungehindert öffnen. Die Wirkung des Dämpfungskolbens setzt erst im danach folgenden Schwingungsvorgang ein. Durch Verwendung eines Rückschlagventils, das zum Dämpferraum hin öffnet, kann eine schnelle Reaktion beim Öffnen mit einer hohen Dämpfung bei der Schließbewegung kombiniert werden.

6.2 Untersuchung von Störgrößensprüngen (innerhalb des Regelbereichs)

Weil Störgrößensprünge durch plötzliche Vergrößerung des Ventilstromes z.B. von 4o auf 8o l/min wegen der gleichen Wirkungsmechanismen ähnliche Sprungantworten erzeugen wie von o auf 8o l/min, führt ihre Untersuchung zu den gleichen Erkenntnissen wie in Kapitel 6.1.

Bei einer plötzlichen Verringerung des Ventilstromes z.B. von 8o auf 4o l/min wird das dynamische Ventilverhalten durch die Kenngrößen Druckeinbruch $\bar{p}$ und Druckeinbruchszeit t_E beschrieben. Die plötzliche Volumenstromabnahme hat einen Druckeinbruch zur Folge. Das Ventil reagiert zunächst durch völliges Schließen der Vorstufe und eine schnelle Schließbewegung der Hauptstufe, die durch die sprungartige Abnahme der Druckkraft $p_A\ A_A$ und die Kraft der Hauptstufenfeder verursacht wird. Nach Erreichen des Druckminimums erfolgt eine langsamere Schließbewegung der Hauptstufe gegen den wiederansteigenden Systemdruck, so daß neben der Strömungskraft die Federkraft an der Hauptstufe bedeutenden Einfluß gewinnt. Bild 6.13 zeigt die Abnahme des Druckeinbruchs und der Druckeinbruchzeit mit zunehmender Federsteifigkeit c_{FH}.

Eine Verringerung des Druckeinbruchs und der Druckeinbruchzeit wird ebenfalls durch Herabsetzen des Flächenverhältnisses A_A/A_X, durch Vergrößern des Steuerraumvolumens V_{oX} oder durch Senken des Reibungsbeiwertes d_H erreicht.

Die Untersuchung der Widerstandskombination ergibt für alle drei Netzwerke, daß $\bar{p}$ und t_E dann minimale Werte annehmen, wenn die Steuersignalwege von A nach X möglichst geringe Widerstände aufweisen.

Bei Netzwerk 1 muß daher auch der Blendendurchmesser d_{R2} groß sein, wodurch das dynamische Verhalten entschieden verschlechtert wird. Durch ein parallel zu R_2 angeordnetes Rückschlagventil mit Durchlaßrichtung von V nach X konnte ein schnelleres Schließen der Hauptstufe trotz kleinem d_{R2} erreicht werden.

Die Verschaltung der Widerstände im Netzwerk 3 ergibt bei geschlossener Vorstufe zwei parallele Steuerölpfade von A nach X über R_3 sowie über R_1, R_2. Aufgrund dieser Parallelzweige sind die Druckeinbruchzeiten bei Netzwerk 3 am geringsten.

6.3 Untersuchung von Führungsgrößensprüngen

Führungsgrößensprünge werden durch plötzliche Änderung des Sollwertes (Federvorspannkraft) an der Vorsteuerstufe erzeugt. Während bei der Analogrechneruntersuchung das plötzliche Ändern der Federvorspannkraft direkt möglich ist, mußte dieser Führungsgrößensprung für mechanische Solldruckvorgaben durch Zu- bzw. Abschalten einer zweiten Vorsteuerstufe erzeugt werden, die auf den niedrigen Solldruck eingestellt war.

Die Sprungantworten der Führungsgrößensprünge sowohl von niedrigen (1) auf höhere Solldrücke (2) als auch umgekehrt sind in Bild 6.14 dargestellt.

Dabei ist der Führungsgrößensprung vom höheren auf den niedrigeren Sollwert deshalb problematisch, weil beim Zuschalten der Stufe mit dem niedrigeren Sollwert diese durch den für die Federvorspannkraft zu hohen Vorsteuerdruck schlagartig aufgeschoben wird. Das führt zu einer starken Anfachung der Kolbenschwingung, wodurch instabiles Verhalten der Vorstufe und evtl. des Gesamtventils entstehen kann. Da beide Vorsteuerstufen konstruktiv durch eine Zwischenplatte von der Hauptstufe getrennt sind, ist für ein stabiles Betriebsverhalten erforderlich, daß ein zusätzlicher Dämpfungswiderstand R'_2 in der Zwischenplatte direkt oberhalb der Hauptstufe angeordnet wird (siehe Bild 6.14).

7. Optimierung eines vorgesteuerten Druckbegrenzungsventils durch Änderung von Konstruktionsparametern

Die Untersuchung des statischen und dynamischen Verhaltens vorgesteuerter Druckbegrenzungsventile hat gezeigt, daß durch Variation bestimmter Einflußgrößen das statische und dynamische Verhalten gezielt verändert werden kann. Dabei ergibt sich die Problematik, daß eine Ventilauslegung für optimales statisches Verhalten oftmals im Widerspruch steht zur Auslegung für optimales dynamisches Verhalten. Gemäß den Anforderungen des jeweiligen Einsatzfalles ist daher zu entscheiden, ob der Schwerpunkt auf geringe Regelabweichung, hohe Dämpfung oder niedrige Druckspitze gelegt wird.

Eine Übersicht über die Höhe und Wirkrichtung aller in den Kapiteln 5 und 6 ausführlich diskutierten Einflußgrößen gibt Tabelle 7.1. Durch die Anzahl der Pfeile wird die Wirksamkeit der Größen hervorgehoben. Unwesentliche Einflüsse auf die Kenngrößen werden durch Querstriche dargestellt.

Der Tabelle können folgende Zusammenhänge entnommen werden:

1) Die den Betriebspunkt des Ventils bestimmenden Größen p_{soll} und Q_{Ventil} sowie die Betriebstemperatur ϑ sind durch die vorgeschriebenen Betriebsbedingungen der Anlage festgelegt und können daher trotz ihres Einflusses auf das Ventilverhalten nicht verändert werden.

2) Die Änderung der Kolbenmasse m_H, m_V und der Federsteifigkeiten c_{FH}, c_{FV} sowie das Volumen V_{oV} haben nur geringen Einfluß. Maßnahmen an der Vorsteuerstufe können deshalb das Verhalten des Gesamtventils kaum verändern.

3) Durch Variieren der Blendendurchmesser d_{R1}, d_{R2}, d_{R3} kann das Ventilverhalten auf einfache Weise beträchtlich beeinflußt werden. Ein optimales statisches Verhalten (geringe Regelabweichung) wird durch kleine Widerstandsdurchmesser d_{R3} und große Durchmesser d_{R2} erreicht. Ein kleiner Durchmesser d_{R1} ergibt eine geringe zusätzliche Verbesserung.

   Ein optimales dynamisches Verhalten erfordert einen hohen Dämpfungsgrad und geringe Druckspitzen. Eine gute Dämpfung des Ventils wird mit großem d_{R3} und kleinem d_{R2} erzielt, sie ist jedoch vom Nachteil einer hohen Druckspitze begleitet. Die günstigste Lösung stellt das Widerstandsnetzwerk 3 dar, das bei kleinen d_{R3} und d_{R2} einen Abbau der Druckspitzen bewirkt bei gleichzeitig guter Dämpfung und geringer statischer Regelabweichung.

Eine gute Stabilisierungsmöglichkeit durch Verbessern der Dämpfung bei gleichzeitigem Verringern der Druckspitzen bietet die Anhebung des Rücklaufdruckes der Vorsteuerstufe. Allerdings führt diese Maßnehme zu einem Anstieg der Regelabweichung.

4) Eine Änderung der Kolbengeometrie der Hauptstufe zur Beeinflüssung der Strömungskraft F_{StrH}, des Flächenverhältnisses A_A/A_X und der hydraulischen Kapazität V_{oX} ist nur durch aufwendigere konstruktive Maßnahmen zu erreichen. Bei Einsatz eines zylindrischen Hauptstufenkolbens der Ausführung 3 wird wegen der Verringerung der Strömungskraft die Regelabweichung kleiner; gleichzeitig erfolgt aber eine Entdämpfung des Systems und eine Zunahme der Druckspitzen.

   Der Einfluß des Flächenverhältnisses auf das statische Verhalten ist gering. Jedoch kann bei der Hauptstufenausführung 3 mit $A_A/A_X = 1:1{,}o7$ durch Anhebung des Rücklaufdruckes die Regelabweichung gesenkt werden. Die Dämpfung und die Druckspitzen werden durch Vergrößern von A_A/A_X herabgesetzt.

   Die hydraulische Kapazität V_{oX} spielt für das statische Verhalten keine Rolle. Dynamisch bewirkt ein Vergrößern dieses Volumens einen Abbau der Druckspitzen und eine Steigerung der Dämpfung mit einer starken Anhebung der Frequenz.

5) Eine gute Dämpfung wird ebenfalls durch ein kleines Vorvolumen V_{oP} zwischen Pumpe, Verbraucher und Ventil erreicht. Dabei steigen Druckspitzen und Frequenz an.

8. Druckbegrenzungsventile mit elektrischer Ansteuerung

Bei hydraulisch gesteuerten Maschinen und Anlagen ist es seit längerem üblich, den Signalzweig mit Signaleingabe, -übertragung und -verarbeitung elektrisch auszuführen, während der Eingriff in die Maschine durch Stell- und Antriebselemente auf hohem Leistungsniveau hydraulisch erfolgt. In der Vergangenheit hat man sich hierbei vielfach bei den Übertragungselementen von dem Signalzweig auf den Leistungsbereich mit schaltenden Geräten zufriedengegeben, doch ist in den letzten Jahren der Bedarf an stetig wirkenden Übertragungselementen zur Beeinflussung der hydraulischen Größen Volumenstrom und Druck und der Strömungsrichtung erheblich angestiegen.

Die Ursache dafür liegt darin, daß zur Steigerung der Güte der Erzeugnisse und der Produktivität von Maschinen und Anlagen ihre Betriebsgrößen wie Kräfte und Drehmomente, Geschwindigkeiten und Drehzahlen möglichst genau in die optimalen Betriebspunkte verstellt oder den optimalen Kennlinien nachgeführt werden müssen. Weiterhin sollen zur Verbesserung des dynamischen Verhaltens des Gesamtsystems Übergänge von einem Betriebzustand in den anderen weich gesteuert und nicht geschaltet werden. Entsprechend müssen die hydraulischen Geräte zur Einstellung von Drücken und Volumenströmen elektrisch stetig ansteuerbar sein.

8.1 Aufbau der Geräte

Bereits vor über 10 Jahren entstanden die ersten elektrisch angesteuerten Druckventile. Dabei wurden die Vorsteuerstufen der zweistufigen Druckventile durch die damals vorhandenen elektro-mechanischen Umformer angesteuert. Diese waren entweder Torque-Motoren oder kleine Gleichstrommotoren, die innerhalb einer Brückenschaltung in Nachlaufregelung arbeiteten.

Mit der verstärkten Anwendung von Proportionalmagneten als elektromechanische Umformer hat sich die Anzahl der angebotenen Druckventile mit elektrischer Ansteuerung ganz erheblich erhöht. Außerdem arbeiten zahlreiche Firmen an der Entwicklung dieser Geräte.

Bild 8.1 zeigt den prinzipiellen Aufbau eines vorgesteuerten, elektrisch verstellbaren Druckbegrenzungsventils mit einem 2-Wege-Einbauventil als Hauptstufe. Die Funktion des Ventils ist analog zu der des mechanisch einstellbaren Ventils, nur wird beim elektrisch verstellbaren Ventil der Vorsteuerdruck p_V statt mit einer Spindel mit einem elektro-mechanischen Umformer eingestellt.

In mechanischen Vorsteuerstufen von Druckbegrenzungsventilen wird als Eingangsgröße eine Kraft durch die Vorspannung der Druckfeder am Ventilkegel erzeugt. Bei allen untersuchten elektrischen Vorsteuerungen wird diese Kraft durch den elektro-mechanischen Umformer in Kombination mit einer Druckfeder aufgebracht.

Bild 8.2 zeigt die Konstruktionsmerkmale einer Gruppe von 15 Ventilen. Die Vorteile von Proportionalmagneten als Umformer spiegeln sich in der Anwendungshäufigkeit wieder: die meisten Umformer und Vorsteuerstufen arbeiten als Kombination von Proportionalmagnet mit Sitzventil.

8.2 Untersuchte Ventile

Die Auswahl der zu untersuchenden Ventile richtete sich nach zwei Gesichtspunkten: einmal sollten die nach Bild 8.2 meist verwendeten Konstruktionsprinzipien berücksichtigt werden, zum anderen sollte durch die Wahl unterschiedlicher Bauelemente ein Vergleich der Konstruktionsprinzipien und -eigenschaften ermöglicht werden.

Die folgende Tabelle gibt eine Übersicht über den Aufbau der untersuchten Ventile.

Die Einteilung entspricht dem System, wie es bei mechanischen Ventilen I, II und III benutzt wurde. In Bild 8.3 sind die unterschiedlichen Konstruktionsprinzipien der vier untersuchten elektrischen Druckbegrenzungsventile dargestellt.

Der zylindrische Hauptstufenkolben des Ventils II wurde bereits mit einer mechanischen Vorsteuerstufe (Kapitel 3.4.2) untersucht.

VENTIL	Elektro-mechan. Umformer	Vorsteuer-stufe	Hauptstufe
II el.	Prop.-Magnet mit Lage-regelung	Sitzventil	2-Wege-Einbau-ventil
III el.	Proportional-magnet	Sitzventil	2-Wege-Einbau-ventil
IV el.	Proportional-magnet	Sitzventil	2-Wege-Einbau-ventil
V el.	Elektromotor mit Winkel-regelung	Sitzventil	Sitzventil

Die elektrische Ausführung des Druckventiltyps III ist vom Hersteller mit einer abgeänderten Hauptstufengeometrie versehen worden; der halbe Kolbenkegelwinkel im Steuerquerschnitt beträgt 70°, und der Kolben besitzt einen zusätzlichen, in den Einströmungsquerschnitt ragenden Kegelstumpf, der die Flüssigkeitsreibkräfte am Hauptstufenkolben in Öffnungsrichtung vergrößert und so die Dämpfung erhöht.

Die Hauptstufe des Ventils IV enthält einen Kegelstumpfkolben mit einem halben Kolbenkegelwinkel von 35°; da dieser Kolben in eine kegelige Hülse mit einem 30°-Sitzwinkel eingesetzt wird, entsteht bei dieser Anordnung ein Flächenverhältnis 1:1.

Während die Hauptstufen der Ventile II el., III el. und IV el. als 2-Wege-Einbauventile ausgeführt sind, besteht die Hauptstufe des Ventils V el. aus einem Sitzventil mit einem Stufenkolben, dessen Steuerquerschnittsdurchmesser beträchtlich kleiner ist, als die vom Systemdruck p_A und vom Steuerdruck p_x beaufschlagten Kolbenflächen. Die beim Durchströmen dieser Hauptstufe im Steuerquerschnittsbereich auftretenden Strömungskräfte sind, da sie gegenüber den quasistatischen Öffnungs- und Steuerdruckkräften eine relativ geringe Druckwirkfläche besitzen, geringer als bei den 2-Wege-Einbauventilen.

8.3 Elektro-mechanische Umformer

8.3.1 Bauformen elektro-mechanischer Umformer

Für die Umformung eines elektrischen Eingangssignals in ein mechanisches Signal zur Ansteuerung von Ventilen werden elektro-mechanische Umformer benutzt. Bild 8.4 zeigt eine Zusammenstellung heute handelsüblicher Umformer.

Aufgrund des geringeren Einsatzes von Tauchspulen und Torque-Motoren in elektrisch verstellbaren Druckventilen (siehe Bild 8.2) beschränkt sich die folgende Untersuchung der Umformer auf Proportionalmagnet und Elektromotor.

8.3.2 Untersuchungen an Proportionalmagneten

Der prinzipielle Aufbau eines Proportionalmagneten ist in Bild 8.5 dargestellt. Der Magnet besteht aus dem Gehäuse mit Wicklung, einem Führungsrohr aus magnetisch leitfähigem Material (Eisen) und dem Anker mit Stößel. Der magnetische Kreis, gebildet von Deckel, Gehäuse, Führungsrohr und Anker, wird teilweise unterbrochen durch eine speziell ausgebildete Ausdrehung im Führungsrohr mit nichtmagnetischem Material. Die Kraft des Magneten ist abhängig von der Anzahl der magnetischen Kraftlinien zwischen Anker und Deckel. Bei Annäherung des Ankers an den Deckel wird ein Teil der Kraftlinien in den konischen Teil des Führungsrohrs abgeleitet, so daß die normalerweise exponentiell mit dem Ankerweg ansteigenden Kraft-Weg-Kennlinien im Arbeitsbereich annähernd waagerecht verlaufen. Damit hängt die Magnetkraft nicht mehr vom Ankerweg, sondern nur noch vom Eingangsstrom I des Magneten ab:

$$F_M = k_M \cdot I \qquad (8.1)$$

mit k_M = Proportionalitätsfaktor

Der prinzipielle Zusammenhang zwischen Erregerstrom I, Ankerweg y und Magnetkraft F kann Bild 8.6 entnommen werden. Hier ist der

Verlauf der Magnetkraft-Weg-Kennlinien ohne (a) und mit der o. a. Anpassung (b) aufgezeigt.

Es wurden insgesamt drei verschiedene Bauarten von Proportionalmagneten untersucht. Bild 8.7 gibt eine Übersicht über den Aufbau der untersuchten Geräte.

Typ I stellt einen Proportionalmagneten dar, der zusammen mit einem Wegmeßsystem im Lageregelkreis betrieben wird.

Die Bauformen IIa und IIb sind ungeregelte Magneten, die beide gegen im Magneten eingesetzte Druckfedern arbeiten. Hierbei werden die Magnet- und Federkennlinien entsprechend Bild 8.8 kombiniert.

Die Ankerstößel der untersuchten Proportionalmagneten besitzen zwei Lagerstellen. Damit ist das Auftreten von Reibungskräften in magnetischen Vorsteuerstufen konstruktionsbedingt. Die Höhe der wirksamen Magnetkraft, die der Vorsteuerdruckkraft als Hauptkraftanteil das Gleichgewicht hält und den Sollwert für das Druckregelsystem darstellt, wird je nach Bewegungsrichtung des Ankerstößels durch Lagerreibung verändert. Um diese Reibungskräfte so gering wie möglich zu halten, wird beim Betrieb von Proportionalmagneten in Druckbegrenzungsventilen dem Magnetstrom generell ein hochfrequenter Wechselstrom geringer Amplitude, ein sogenannter "Dither", überlagert, der Schwingungen des Magnetankers erzeugt und dadurch die Haftreibung in den Lagerstellen stark vermindert.

Bei allen durchgeführten Untersuchungen der Magnetventile ist deshalb dieses Dither-Signal eingesetzt worden; eine Ausnahme gibt es nur Kapitel 8.6, in dem der Einfluß des Dithers auf das Ventilverhalten untersucht wurde.

8.3.2.1 Untersuchung der statischen Eigenschaften

Die statischen Untersuchungen an Proportionalmagneten wurden entweder mit dem in Bild 8.9 gezeigten Prüfstandsaufbau oder direkt an der am Ventil angebauten Vorsteuerung durchgeführt.

Mit der dargestellten Versuchseinrichtung kann bei konstantem Eingangsstrom I des Magneten durch Verdrehen der Spindel die Magnetkraft direkt in Abhängigkeit des Stößelweges aufgezeichnet werden. Außerdem läßt sich bei fest eingestelltem Stößelweg die Abhängigkeit der Magnetkraft vom Magnet-Eingangsstrom aufzeichnen: Der Zusammenhang zwischen den Betriebsgrößen Magnetkraft, Ankerweg und Eingangsstrom liefert die Kriterien für das statische Verhalten.

Bild 8.10 zeigt das Kraft-Weg-Kennlinienfeld des Proportionalmagneten IIb ohne Druckfeder; Parameter ist der Eingangsstrom I. Im Arbeitsbereich des Magneten (ca. 0,1 mm bis 0,8 mm) verlaufen die Kraft-Weg-Kennlinien nahezu linear. Die Magnetkraft ist also proportional dem Eingangsstrom und nahezu wegunabhängig.

Da der Magnetstrom bei diesen Messungen konstant gehalten wird und Magnetisierungshysteresen daher nicht auftreten, sind die unterschiedlich hohen Kraftverläufe beim Hinein- und Hinausdrehen der Spindel Umkehrspannen, die durch die Reibung des Magnetankerstößels im Lager auftreten. Diese Reibungskräfte addieren sich bei der Kraftmessung zur Magnetkraft beim Hineindrehen, während sie beim Hinausdrehen der tatsächlichen Magnetkraft entgegenwirken und z. B. die Druckeinstellkraft des Systems beim Zufahren des Vorstufenkegels (Druckerhöhung) herabsetzen.

Bezogen auf die maximale Magnetkraft beträgt die Umkehrspanne ca. 4 %. Ohne Dither ist sie beträchtlich größer.

Bild 8.11 zeigt das Kennlinienfeld des gleichen Magneten mit eingebauter Druckfeder. Die Umkehrspanne durch Reibung bleibt unverändert.

Eine weitere Störgröße bei der Solldruckeinstellung von magnetisch vorgesteuerten Druckbegrenzungsventilen ist die durch die Magnetisierung hervorgerufene Hysterese. Sie wird als die größte Differenz des Eingangsstroms I bei gleicher Kraft am Vorstufenkegel nach Durchfahren des vollen Strombereichs definiert. Im Versuch wird sie ermittelt, indem bei konstantem Ankerweg (keine Ankerbewegung) die Magnetkraft in Abhängigkeit des Magnetstroms gemessen wird. Bild 8. zeigt die Kraft-Strom-Funktion des Magneten IIb im Arbeitspunkt y = 0,2 mm.

Die Werte für die Umkehrspannen durch Reibung und für die Hysterese die zusätzlich zu den Ummagnetisierungseinflüssen die Reibungseinflüsse enthalten, sind für alle drei untersuchten Umformer in der Tabelle in Bild 8.17 zusammengefaßt.

In Bild 8.13 ist für den Magneten IIb der Ankerweg über dem Eingangsstrom bei unbelastetem Magneten in eingebautem Zustand aufgetragen. Im Ventil wird der Ankerweg durch Anschlag des Ventilkegels an seinen Sitz auf einen Wert von y_{max} = 0,75 mm begrenzt.

Der lineare Arbeitsbereich des Magneten liegt zwischen $I/_{Imax}$=0,13 und $I/_{Imax}$ = 0,62; erst ab I = 0,13 Imax wird die Magnetkraft größer als die Federvorspannkraft plus Reibkraft.

Die Hysterese der Kurve beträgt 7 %; sie setzt sich aus einem Ante durch Reibung und Ummagnetisierung zusammen.

Das Kraft-Weg-Verhalten des Magneten IIa ist analog zu dem des bereits untersuchten Magneten IIb. Es ergibt sich weitgehend gleiches Verhalten wie beim Magnet IIb (vergleiche Tabelle in Bild 8. da auch die Nenndaten in etwa gleich sind.

Bild 8.14 zeigt den Ankerweg des Magnetes IIa über dem Magnetstrom I bei am Ventil angebautem Magneten. Der Ankerweg wird ebenfalls durch Aufliegen des Ventilkegels auf seinem Sitz in der Vorsteuerstufe begrenzt.

Die Federvorspannung ist geringer als bei Magnet IIb, so daß der lineare Arbeitsbereich bereits bei wesentlich kleinerem Magnetstrom beginnt. Ab ca. 90 % des maximalen Ankerweges verläuft die Kennlinie aufgrund von erhöhter Reibung durch nichtzentrisches Einlaufen des Kegels in seinen Sitz nicht linear - der Ventilkegel ist starr mit dem zweifach gelagerten Magnetanker verbunden und somit bei Einlauf in den Sitz der Vorsteuerdüse statisch überbestimmt.

Der Proportionalmagnet I stellt mit seiner Lageregelung eine Sonderbauart der elektromagnetischen Ansteuerung für Druckbegrenzungsventile dar.

Bild 8.15 zeigt den mit Hilfe des direkt an den Magnet angebauten Wegaufnehmers ermittelten Zusammenhang zwischen Ankerweg y_M und Eingangssignal U_E des Lageregelkreises. Die Vorsteuerstufe besitzt zwei unterschiedlich starke Federn der Steifigkeiten c_1 und c_2 (siehe Bild 8.7); die weiche Feder (c_2 = 3,6 N/mm), die zwischen Vorstufenkegel und Kegelsitz liegt, hat dabei nur die Aufgabe, den Vorstufenkegel bei entlastetem Magneten vom Kegelsitz abzuheben und gegen die eigentliche Vorstufenfeder der Steifigkeit c_1 = 61 N/mm zum Anliegen zu bringen. Wird die Federkraft der weichen Feder gegenüber der der härteren Feder, die der eigentlichen Vorsteuerdruckkraft entspricht, vernachlässigt, so gilt für die Magnetkraft:

$$F_M = c_1 \cdot (y_M - y) \qquad (8.2)$$

wobei y_M der Hub des Magneten und y der Hub des Vorstufenkegels sind.

Der Magnet war bei der Messung über die Druckfedern des Ventilkegels belastet; die Messung wurde also bei einem Vorsteuerdruck p_V = 0 durchgeführt. Bei diesem Versuch wird hauptsächlich die weiche Feder durch den Ankerweg gespannt, da der Federweg der härteren Feder nur ca. 5,5 % des Ankerweges beträgt.

Bis auf einen kleinen Totbereich (3,5 % des Nennsignals) des Eingangssignals verläuft die Kennlinie völlig linear - eine nennenswerte Hysterese ist nicht meßbar. Beides ist auf die Lageregelung zurückzuführen: Einflüsse von Reibungskräften oder Magnethysterese werden ausgeregelt.

Die Positioniergenauigkeit und damit auch die Einstellgenauigkeit der Federvorspannung hängen von der Kreisverstärkung des Regelkreises ab. Im Gegensatz zum ungeregelten Proportionalmagneten, der bei konstantem Strom eine konstante Magnetkraft erzeugt und dessen Kraft-Weg-Verhalten von der Steifigkeit der angekoppelten Vorstufenfeder bestimmt wird, wird beim lagegeregelten Magneten nach Auftreten einer Wegabweichung der Magnetstrom und damit die Magnetkraft zur Ausregelung dieser Wegabweichung erhöht. Die Erhöhung der Magnetkraft wirkt sich, über dem Magnetweg aufgetragen, wie eine besonders steife, angekoppelte Feder aus. Diese "Steifigkeit" der Umformerkraft gegen von außen angreifende Kräfte (z. B. Druckkraft) hängt von der Verstärkung des rückgeführten Wegsignals ab. Die Möglichkeit zur Erhöhung dieser Verstärkung ist durch die Stabilitätsbedingung des Kreises begrenzt.

Bild 8.16 zeigt die Kraft-Weg-Kennlinien eines Proportionalmagneten mit und ohne Lageregelung, der in seiner Bauart dem untersuchten Magneten IIb entspricht. Bei den dafür vorliegenden Bedingungen ergab sich eine Erhöhung der Steifigkeit des geregelten Proportionalmagneten gegenüber dem ungeregelten um den Faktor 10. Es lassen sich auch größere Steifigkeitserhöhungen bei stabiler Arbeitsweise erreichen.

Einen Vergleich der statischen Kenrwerte der drei untersuchten Proportionalmagneten zeigt die Tabelle in Bild 8.17.

8.3.2.2 Untersuchung der dynamischen Eigenschaften

Zur Beurteilung des dynamischen Verhaltens wurde für alle drei Umformer der zeitliche Verlauf des Ankerweges bei sprungförmiger Änderung der Eingangsgröße (Magnetstrom I bzw. Spannung U_E) von Null auf den maximal möglichen Wert experimentell ermittelt. Die Magneten waren bei den Messungen an die zugehörigen Vorsteuerstufen der Druckbegrenzungsventile montiert. In Bild 8.18 sind die Sprungantworten aufgetragen.

Die unterschiedlichen Totzeiten der Magneten sind auf unterschiedliche Federvorspannung, Verstärkereinstellung und Reibungsverhältnisse zurückzuführen. Das lagegeregelte System I erreicht den Sollwert nach ca. 200 ms, d. h. nach einer erheblich größeren Verzögerung als die beiden anderen. Dies ist dadurch begründet, daß der Magnet im ersten Teil seines Weges nur gegen die verhältnismäßig weiche Feder c_2 arbeitet, die den Ventilkegel vom Sitz im Vorsteuerkopf abhebt. Erst wenn der Kegel auf seinem Sitz anliegt, wird die harte Feder c_1 durch den Magneten vorgespannt.

8.3.3 Untersuchung eines elektromotorischen Umformers

Der im folgenden untersuchte Umformer unterscheidet sich in seinem Arbeitsprinzip grundlegend von den bisher betrachteten: Anstelle eines Elektromagneten wird hier ein Elektromotor zur Erzeugung eines Drehmomentes bzw. einer Kraft benutzt. Bild 8.19 zeigt den Aufbau der gesamten Vorsteuerstufe mit Elektromotor, deren Funktionsprinzip mit dem des lagegeregelten Proportionalmagneten verglichen werden kann.

Die Vorsteuerstufe besteht aus einem Elektromotor mit stark untersetzendem Getriebe (i = 84:1), einem Istwert-Potentiometer auf der Abtriebswelle des Getriebes zur Rückmeldung der Winkellage und einem Exzenter, der über einen Kolbenstößel die Druckfeder des Vorsteuerkegels vorspannt. Das Rückführsignal des Potentiometers wird mit der Eingangsspannung U_E des Systems verglichen; die Differenz beider Signale steuert nach Durchlaufen einer Verstärkerstufe den Elektromotor.

Mit dem vorliegenden Regelkreis wird also der Drehwinkel der Abtriebswelle (mit Exzenter) geregelt; der Drehwinkel kann Werte zwischen $\varphi = 0^{\circ}$ und $\varphi = 180^{\circ}$ annehmen.

8.3.3.1 Statisches Verhalten

In unbelastetem Zustand (ohne Druckfeder am Kolbenstößel) ist der Zusammenhang $\varphi = f\ (U_E)$ linear; eventuell auftretende Störgrößen werden über den Regelkreis ausgeregelt. Für die Untersuchung der Vorsteuerung ist jedoch der Zusammenhang zwischen dem Vorspannweg y für die Druckfeder und dem Eingangssignal U_E von Bedeutung. Hierzu muß die geometrische Beziehung zwischen dem Drehwinkel φ und dem Weg y des Kolbenstößels betrachtet werden; sie lautet:

$$y = \sqrt{r^2 - 2\ r\ e \cos\varphi + e^2} - (r - e) \qquad (8.3)$$

mit r = Radius und e = Exzentrizität des Exzenters.

Damit läßt sich der theoretische Verlauf des Stößelweges y über dem Eingangssignal U_E berechnen; er ist in den Bildern 8.20 und 8.21 (durchgezogene Linie) aufgezeichnet und den gemessenen Kurven $y = f\ (U_E)$ für jeweils eine harte und eine weiche Druckfeder am Ventilkegel gegenübergestellt. Hier wird deutlich, daß bei Belastung des Umformers (z. B. durch eine Feder) eine Regelabweichung entsteht, die von der Höhe der Belastung und von der erzielbaren Kreisverstärkung des Systems abhängt. Wird die Kreisverstärkung zu weit erhöht, so schwingt das System erheblich über den Sollwert hinaus; dabei kann es zum Überschreiten der Totzone des Rückführpotentiometers und damit zum Durchdrehen der Exzenterwelle kommen.

Da das Lastmoment am Getriebeausgang nicht nur von der Federkraft am Rollenstößel, sondern auch vom Exzenter-Hebelarm abhängt, wird die Regelabweichung bei Drehwinkeln mit kleiner werdendem Hebelarm ebenfalls kleiner; bei $\varphi = 0^{\circ}$ und $\varphi = 180^{\circ}$ ist kein Hebelarm und somit auch keine meßbare Regelabweichung vorhanden: die berechneten und die gemessenen Kennlinien haben gleiche Anfangs- und Endpunkte.

Die Hysterese des gesamten Systems (mit Feder) beträgt ca. 6 %, bezogen auf das maximale Eingangssignal.

Im Bereich von $0{,}25 \leq U_E/U_{Emax} \leq 0{,}75$ kann man den Verlauf der Kennlinien in erster Näherung als linear ansehen. Für eine genaue Programmierung mehrerer Betriebsdrücke muß jedoch der nichtlineare Verlauf der Kennlinien berücksichtigt werden.

8.3.3.2 Dynamisches Verhalten

Das dynamische Verhalten des elektromotorischen Stellsystems wird von den entsprechenden Kenndaten des Motors, wie z. B. elektr. Ankerwiderstand, magn. Induktivität, Trägheitsmoment,und von der jeweiligen Belastung des Vorsteuersystems bestimmt.

In Bild 8.22 ist der Zusammenhang zwischen Drehwinkel φ des Exzenters und der Stellzeit t für ein belastetes und ein unbelastetes System dargestellt.

Wird das Stellsystem nicht belastet, d. h.,die Feder zum Einstellen des Vorsteuerdruckes wird nicht vorgespannt, so ergibt sich ein linearer Zusammenhang zwischen Drehwinkel φ und Stellzeit t. Diese Zeit läßt sich näherungsweise berechnen. Der maximale Vorspannweg (Hub) für die Feder wird bei einer Exzenterwellendrehung von $\varphi = 180^o$ erreicht. Ist die Leerlaufdrehzahl des Motors ($n_{max} = 5600$ U/min) und die Getriebeuntersetzung (i = 84:1) bekannt, ergibt sich die Stellzeit des Antriebs ohne Belastung:

$$T\ (180^o) = \frac{1}{2} \cdot \frac{i.60}{n} = 0{,}45\ s \qquad (8.4)$$

Die gemessene Stellzeit T für einen Drehwinkel von $\varphi = 180^o$ bei einer sprungförmigen Änderung der Eingangsspannung von 0 auf U_{Emax} beträgt:

$$T\ (180^o) = 0{,}5\ s$$

Der Unterschied zum näherungsweise berechneten Wert kann durch das Anlaufverhalten und durch die im System durch auftretende Reibung bedingte Drehzahlabsenkung des Motors erklärt werden.

Bei der Untersuchung des Stellantriebes im Belastungsfall, d. h. die Feder wird durch den Exzenter vorgespannt, wurde ein Abfall der Motordrehzahl und dadurch eine Verlängerung der Stellzeiten festgestellt. Bei $\varphi = 180^\circ$ wurde eine Zeit T $(180^\circ) = 0{,}7$ s gemessen (siehe Bild 8.22). Betrachtet man die Gleichung (8.3) $y = f(\varphi)$, so kann ein cos-förmiger Verlauf des Vorspannhubes ermittelt werden mit einer maximalen Steigung bei $\varphi \sim 90^\circ$. Der Kraftverlauf der Vorspannfeder ist somit proportional dem Hub des Exzenters. Wird nun eine Aufteilung dieser Federkraft in Normalkraft und Tangentialkraft um den Exzentermittelpunkt (Welle) vorgenommen, ergibt sich wiederum ein cos-förmiger Kraftverlauf der Tangentialkraft. Diese bildet zusammen mit dem jeweiligen Hub des Exzenters das Lastmoment am Stellmotor mit seinem maximalen Wert bei $\varphi > 90^\circ$. Zum maximalen Exzenterhub ($\varphi = 180^\circ$) hin nimmt die Tangentialkraft ab, d. h. das Lastmoment geht gegen Null, wie zu Beginn des Hubes bei $\varphi = 0^\circ$. Der Stellantrieb verhält sich in seiner Anfangs- und Endlage wie im vorher beschriebenen unbelasteten Zustand. Bei Winkeln um $\varphi = 90^\circ$ ergibt sich aber durch das auftretende Lastmoment eine Verlängerung der Stellzeit (siehe Bild 8.22).

Zusammenfassend kann man feststellen, daß dem gegenüber Proportionalmagneten wesentlich höheren Bauaufwand nicht wesentlich bessere Ergebnisse gegenüberstehen: zwar lassen sich höhere Stellkräfte und eine geringere Hysterese als bei Proportionalmagneten erreichen, doch ist der Zusammenhang $y = f(U_E)$ nicht linear. Die Reaktionen des Stellsystems auf Sollwertänderungen sind erheblich langsamer. Allerdings muß bei einem Vergleich der verschiedenen Prinzipien auch das Verhalten im Betrieb, d. h. bei Versorgungsdrücken $p_V \neq 0$, mitberücksichtigt werden.

8.4 Untersuchung von Vorsteuerstufen für elektrisch verstellbare Druckbegrenzungsventile

In Kapitel 3.3 wurden bereits grundlegende Zusammenhänge über das Verhalten von Vorsteuerstufen für Druckbegrenzungsventile aufgezeigt. Ergänzend hierzu werden im folgenden das statische und dynamische Verhalten von elektrisch verstellbaren Vorsteuerstufen behandelt.

Außerdem werden die Einflüsse des Verhaltens der Vorsteuerstufe auf das Verhalten der Hauptstufe betrachtet.

Der grundsätzliche Aufbau von Vorsteuerstufen wurde bereits anhand von Bild 8.1 erläutert.

8.4.1 Statisches Verhalten

Die untersuchten Vorsteuerungen stellen im Prinzip direktgesteuerte Druckbegrenzungsventile mit sehr kleinen zulässigen Volumenströmen dar. Nach Erreichen des Vorstufendrucks p_V, dessen Druckkraft auf den Vorstufenkegel gegen die Kraft des elektromechanischen Umformers die Vorstufe öffnet, fließt ein Volumenstrom durch die Vorsteuerstufe. Steigt der Vorstufendruck weiter an, so werden die Vorstufenöffnungen und somit der abfließende Volumenstrom ebenfalls größer. Der Zusammenhang $p_V = f(Q_V)$ beschreibt das statische Verhalten einer Vorsteuerstufe, wie bei den mechanischen Vorsteuerstufen in Kapitel 3.3 erläutert wurde.

Im Vergleich mit den mechanischen Vorsteuerstufen zeigen sich allerdings Unterschiede, die vor allem bei den elektrischen Systemen IIa und IIb deutlich werden:

Die Bilder 8.23 und 8.24 zeigen die Druck-Volumenstromkennlinien der Systeme IIa und IIb mit dem Magnetstrom I als Parameter. Die durch Reibung im Magneten verursachte Umkehrspanne und die magnetische Hysterese (siehe Bild 8.14) wirken sich über die starre Verbindung zwischen Magnetanker und Ventilkegel direkt auf den Druckverlauf aus.

Die gegenüber mechanischen Vorsteuerungen große Hysterese (4 bzw. 6%) kann allerdings durch Herabsetzen der Reibung im Magneten wesentlich verkleinert werden. Das Gleichdruckverhalten ist ebenfalls schlechter als bei mechanischen Vorsteuerungen. Während bei mechanischen Vorsteuerstufen Werte von 1,5÷1o bar/(l/min) erreicht werden, liegen hier die Werte bei 12,5 bar/(l/min) für System IIa und 35 bar/(l/min) für System IIb.

Die Unterschiede im Gleichdruckverhalten mechanischer und elektrischer Vorsteuerstufen sind in erster Linie eine Folge der unterschiedlichen geometrischen Verhältnisse am Sitzventil.

Für das geschlossene Ventil gilt:

$$p_V \cdot A = F \qquad (8.5)$$

A= Fläche des Kegelsitzes;
F= Kraft auf den Ventilkegel

Da mit mechanischen und elektrischen Vorsteuerungen die gleichen Vorsteuerdrücke p_V erreicht werden sollen, bei den elektrischen Ventilen die Magnetkräfte aber durch Baugröße und Erwärmung begrenzt und daher im allgemeinen kleiner als die Federkräfte in mechanischen Vorsteuerungen sind, muß bei elektrisch verstellbaren Vorsteuerungen ein kleinerer Sitzdurchmesser gewählt werden (mechanisch: d_{SV} ca.5mm; elektrisch: d_{SV} ca.2mm). Unabhängig von der elektrischen oder mechanischen Vorsteuerung muß der Volumenstrom durch die Vorsteuerstufe aber ungefähr gleich groß sein, um die notwendigen Druckkraftverhältnisse an der Hauptstufe herzustellen; daher muß bei den elektrischen Vorsteuerstufen wegen des geringeren Kolbensitzdurchmessers d_{SV} der Öffnungshub y bei gleichen Kolbenkegelwinkeln größer sein. Durch die größeren Öffnungshübe ergibt sich dabei eine größere relative Federkraftzunahme, die - wie in Kap. 3.3.1 beschrieben - eine größere Regelabweichung zur Folge hat.

Der erwähnte Zusammenhang läßt sich an Gleichung 3.22 zeigen:

$$\Delta p^* = y \cdot c_{FV} \cdot \frac{4}{\pi \cdot d_{SV}^2(y)}$$

Die Verkleinerung des Sitzdurchmessers führt quadratisch und die Vergrößerung des Hubes y linear zur Vergrößerung der Regelabweichung Δp. Gleichzeitig wird die Federsteifigkeit c_{FV} verkleinert. Daraus ergibt sich, daß die Regelabweichung bis ca. 3-fach größer als bei mechanischen Vorsteuerungen sein kann.

Der Aufbau der lagegeregelten Systeme ist vergleichbar mit dem mechanischer Vorsteuerventile: der lagegeregelte Umformer stellt ein der Verstellspindel vergleichbares, verstellbares Widerlager für die Druckfeder am Ventilkegel dar. Da sich außerdem mit beiden geregelten Umformern, verglichen mit den Magneten IIa und IIb, größere Stellkräfte aufbringen lassen, liegen die geometrischen Daten des Vorsteuerventils näher an den Werten der mechanischen Ventile. Zur Verdeutlichung kann Bild 8.25 herangezogen werden: hier sind die Druck-Volumenstrom-Kennlinien der Vorsteuerung I aufgezeichnet. Hysterese und Regelabweichung sind geringer als bei den ungeregelten Systemen, aber noch höher als bei den mechanischen Ventilen.

Zur mathematischen Beschreibung des statischen Verhaltens der Vorsteuerstufen werden - analog zum mechanischen Ventil - die Gleichungen (2.16÷2.19) herangezogen.

Bei den Systemen mit Lageregelung erzeugt der Umformer die Kraft F_{Fo}. Die Kräftebilanz (Gleichung 2.18) ist bis auf abweichende Systemkenndaten gleich.

Bei den Systemen ohne Lageregelung (IIa,b) muß anstelle der Vorspannkraft F_{Fo} die Kraft des Umformers eingesetzt werden; diese errechnet sich zu

$$F = K_m \cdot I - c \cdot y_M \qquad (8.6)$$

K_m = Magnetkonstante
c = Steifigkeit der Rückholfeder im Magneten.

8.4.2 Dynamisches Verhalten

Im Gegensatz zu mechanisch verstellbaren Druckbegrenzungsventilen wird bei der elektrischen Einstellung des Druckes das Verhalten des Ventils bei Sollwertänderungen nicht vom gesamten Vorsteuerventil, sondern hauptsächlich vom elektrischen Umformer bestimmt. Die dynamischen Eigenschaften der Umformer bei Führungsgrößensprüngen sind in Abschnitt 8.3.2.2 behandelt worden. Bei den experimentellen Untersuchungen kompletter Vorsteuerstufen mit elektrischen Umformern werden als zusätzliche Belastungskräfte am Magnetanker bzw. Ventilkegel Druck- und Strömungskräfte gemessen. In Bild 8.26 werden für den Ventiltyp IIa die Verläufe des Vorsteuerdruckes p_V und des Ventilkegelweges y bei einer sprungförmigen Änderung des Eingangssignals von I=o,5 I_{max} auf I=I_{max} dargestellt. Wie das Bild zeigt, ergibt sich hierbei keine wesentliche Änderung der Totzeit und der Zeitkonstante des kompletten Vorsteuerventils im Vergleich zu den Untersuchungen des unbelasteten Umformers (siehe Bild 8.18).

Der maximal mögliche Magnetankerweg kann allerdings bei den experimentellen Untersuchungen nicht mehr erreicht werden. Durch die hinzugekommene Druckkraft in der Vorsteuerung mußte die in die gleiche Richtung wirkende Rückzugsfederkraft verringert werden, da die Magnetkraft als Gegenkraft aufgrund elektrischer und konstruktiver Gegebenheiten nicht beliebig gesteigert werden kann. Dies wird durch eine Begrenzung des maximal möglichen Magnetankerweges erreicht, d.h. zur Erreichung des im Bild 8.26 gezeigten Vorsteuerdruckes wurde der Ankerweg auf 7o% seines konstruktiv möglichen Wertes begrenzt.

Das Verhalten der Vorsteuerung IIb ist analog zu dem der Vorsteuerung IIa, auch hier wird das Zeitverhalten der gesamten Vorsteuerung im wesentlichen vom Verhalten des Proportionalmagneten bestimmt. Die Kenndaten des Vorsteuerventils entsprechen den in Kapitel 8.3.2.2 gemessenen Werten.

Bei der lagegeregelten Vorsteuerung (Umformer I) kann man nicht ohne weiteres das dynamische Verhalten des Magneten auf das des ganzen Vorsteuersystems übertragen: hier muß der Einfluß der zwischen Vorsteuerventilkegel und Magnet eingefügten Druckfeder berücksichtigt werden, da keine starre Verbindung zwischen Magnet und Ventilkegel vorliegt.

Bild 8.27 zeigt die Sprungantworten der lagegeregelten Vorsteuerung I auf eine sprungförmige Änderung des Eingangssignals von U_E=oV auf $U_E = U_{Emax}$: aufgetragen sind die zeitlichen Verläufe des Ankerweges y_M und des Vorsteuerdrucks p_V.

Gegenüber den Untersuchungen ohne Vorsteuerdruck p_V (dargestellt im Bild 8.18) tritt hier ein Überschwingen des Ankerweges y_M und des Vorsteuerdruckes p_V auf. Der Grund hierzu liegt darin, daß bei den Messungen ohne Druck in der Vorsteuerung der Ventilkegel, nachdem die Feder c_2 durch die Magnetkraft vorgespannt ist, einen festen Anschlag im Ventilsitz hat, d.h. die als Reaktion auf den Magnet wirkende Federkraft (aus c_1) ist nur eine Funktion des Ankerweges y_M. Der Lageregelkreis verhält sich wie ein System 1. Ordnung. Wird allerdings die Vorsteuerstufe von Steueröl durchströmt, so befindet sich der Ventilkegel bei einem bestimmten Hub y des Kegels in einem Kraftgleichgewicht aus Druckkraft, Strömungskraft und Federkräften. Ändert man das Eingangssignal U_E von einem niedrigen auf einen höheren Wert, vergrößert sich der Ankerweg y_M durch die zunehmende Magnetkraft. Anker und Ventilkegel sind durch die Feder c_1 miteinander gekoppelt, d.h. der Ventilkegelweg y verändert sich in gleicher Weise wie y_M. Durch den nachgebenden Ventilkegel wird somit die Feder c_1 auf ein geringeres Maß vorgespannt. Die Reaktionskraft auf die Magnetkraft ist deshalb geringer, so daß ein Überschwingen des Ankerweges y_M über den Sollwert erfolgt. Der Steuerdruck p_V hat durch das Schließen des Ventilkegels einen ähnlichen Verlauf wie der Ankerweg y_M. Die hieraus resultierende Druckkraft am Kegel wird über die Feder auf den Magnetregelkreis übertracen, d.h. der Ankerweg y_M wird durch den Lageregelkreis solang verkleinert, bis die Druckkraft dem eingestellten elektrischen Eingangssignal U_E entspricht. Die Totzeit im Verlauf des Ankerweges y_M ist im belasteten und unbelasteten Fall konstant; sie beträgt ca. 12 ms; die Anstiegsgeschwindigkeit ist unter Einwirkung der Druckkraft etwas kleiner geworden. Der Endwert des Druckverlaufes wird nach ca. 3oo ms erreicht.

Eine dynamische Untersuchung der Vorsteuerstufe mit elektromotorischem Umformer wurde nicht durchgeführt, da die sehr langsame Reaktion des Umformers auf Führungsgrößensprünge eine entsprechend langsame Reaktion der Vorsteuerung zur Folge hat. Führungsgrößensprünge erzeugen deshalb praktisch keine dynamische Beanspruchung der Vorsteuerung. Treten dagegen Störgrößensprünge auf, so verhält sich die Vorsteuerung wie eine mechanisch einstellbare Vorsteuerung.

8.5 Untersuchungen am gesamten, elektrisch vorgesteuerten Druckbegrenzungsventil

Nach der Untersuchung der verschiedenen elektromechanischen Umformer und der Vorsteuerstufen wird das Betriebsverhalten der in 8.2 beschriebenen Gesamtventile (elektrische Vorsteuerstufe in Verbindung mit der Hauptstufe) ermittelt. Die charakteristischen Eigenschaften der unterschiedlichen Konstruktionsprinzipien werden dabei untereinander und - soweit zweckmäßig - mit denen mechanisch vorgesteuerter Druckventile verglichen.

Das statische Verhalten kann man - wie bei mechanischen Druckventilen - anhand der statischen Kennlinien $p_A = f(Q_H)$ beurteilen. Zusätzlich wird bei den elektrischen Ventilen die Abhängigkeit der vom Ventil zu regelnden Ausgangsgröße Systemdruck p_A vom Eingangssignal U_E bzw. I, bei konstantem Volumenstrom Q_H durch die Hauptstufe, betrachtet.

Zur Untersuchung des dynamischen Verhaltens werden die Reaktionen der elektrischen Druckventile auf Führungs- und Störgrößensprünge bestimmt.

Der Prüfstandsaufbau für diese Untersuchungen entspricht bei allen Messungen der in Bild 4.1 dargestellten Anordnung.

8.5.1 Statisches Verhalten

8.5.1.1 Abhängigkeit des Systemdrucks vom Volumenstrom

Gutes statisches Verhalten ist bei Druckbegrenzungsventilen durch eine möglichst geringe bezogene Regelabweichung $\Delta p_A / \Delta Q_H$ und eine kleine Hysterese gekennzeichnet, wie bereits in Kapitel 5 bei den mechanischen Druckbegrenzungsventilen erläutert wurde.

Ein unmittelbarer Vergleich der statischen Kennlinien einer mechanischen und einer elektrischen Vorsteuerung ist bei Ventiltyp II möglich, da bei diesem Ventil ohne konstruktive Änderungen und ohne Änderung der Strömungswiderstände die mechanische und elektrische Vorsteuerung ausgetauscht werden kann.

Das statische Kennfeld des elektrisch vorgesteuerten Ventils in Bild 8.28 zeigt die Systemdruckverläufe $p_A = f(Q_H)$ für Solldrücke von p_A = 5o, 1oo und 15o bar; zum Vergleich sind die Kennlinien des mechanisch vorgesteuerten Ventils II strichpunktiert dargestellt. Der gleichzeitig mit dem Solldruck gemessene Magnetankerweg y_M bewirkt die Federvorspannkraft in der Vorsteuerstufe; sie ist nicht identisch mit dem Weg y des Vorstufenkegels bei den mechanisch vorgesteuerten Druckventilen. Durch die hohe Steifigkeit des elektronischen Lageregelkreises gegenüber äußeren Kräften bleibt der Weg des Magnetankers y_M auch bei zunehmendem Volumenstrom durch die Ventilhauptstufe zunächst konstant; auf die mit ansteigendem Druck p_A bzw. p_V verbundene Druckkrafterhöhung am Vorstufenkegel reagiert der Regelkreis durch seine hohe Steifigkeit mit einer Erhöhung des Magnetstroms. Dadurch verhält sich der geregelte Magnet im statischen Fall wie das feste Widerlager einer Feder bei einer mechanischen Vorsteuerstufe.

Die Regelabweichung des elektrischen Druckventils II el. ist um ca. 3o% höher als die der mechanischen Ausführung. Die Ursache liegt in der geänderten Durchflußcharakteristik des veränderlichen Widerstandes in der Vorsteuerung; der Sitzdurchmesser mußte verkleinert werden (siehe Abschnitt 8.4.1)(3,2 mm statt 5 mm), da elektromagnetische Vorstufen wegen begrenzter Magnetkräfte bei geringen Druckkräften arbeiten müssen. Der dadurch bedingte steilere Anstieg der el. Vorstufenkennlinie $p_V = f(Q_V)$ erzeugt über den Strömungswiderstand R_2 einen steileren Anstieg, des Steuerdrucks p_x an der Hauptstufe und damit - aufgrund des Kräftegleichgewichtes an der Hauptstufe - einen höheren Systemdruck p_A.

Da sich die statischen Kennlinien der vier untersuchten elektrischen Ventile prinzipiell nicht unterscheiden, sind die gemessenen Regelabweichungen und Hysteresen in der nachfolgenden Tabelle zusammengefaßt.

Die Regelabweichungen des Ventils III el. mit Proportionalmagnet und Konstantstromquelle sind vergleichbar mit denen des Ventils II el; eine Umkehrspanne mit einer Breite von ca. 2bar tritt nur bei einem Solldruck von 15o bar auf.

Ventil	Solldruck [bar]	Hysterese [bar]	Regelabweichung [bar/l/min] $\frac{\Delta p_A}{\Delta Q_H}$
	5o	-	o,o27
II el.	1oo	-	o.o6
	15o	-	o,o83
	5o	-	o,o53
III el.	1oo	-	o,o44
	15o	2	o,o22
	5o	2	o,21
III el.	1oo	3	o,35
	15o	5	o,4
	5o	-	o,o2
II el.	1oo	-	o,o27
	15o	-	o,o38

Die Hauptstufe (s. Bild 8.3) besitzt im Steuerquerschnitt einen Strömungswinkel $\varepsilon = 7o^{o}$. Die mit Hilfe des Impulssatzes berechenbare Strömungskraft (siehe 3.4.4), ist für diesen Winkel ε relativ gering. Da die Strömungskraft an der Hauptstufe aber bei vorgesteuerten Druckbegrenzungsventilen die wesentliche Störgröße ist, die eine Regelabweichung verursacht (Kapitel 5.1), hat Ventil III el. relativ gutes Gleichdruckverhalten. Ebenso trägt die z.B. gegenüber Ventil III el. flacher ansteigende Vorstufenkennlinie (vergleiche Bild 8.23 und 8.24) zur geringeren Regelabweichung des Systemdruckes p_A vom Solldruck bei.

Das Gleichdruckverhalten des Ventils III el. ist gegenüber den anderen Ventilen erheblich schlechter. Der Kolbenkegel mit einem halben Kegelwinkel von 35° ragt in eine Sitzhülse mit einem halben Kegelwinkel von $3o^{o}$. Dadurch ergibt sich zwischen beiden Kegelflächen ein zum Sitz hin verengender Strömungskanal, in dem die Druckkräfte in Öffnungsrichtung stark von der örtlichen Geschwindigkeit abhängig sind. Diese Hauptstufengeometrie bewirkt also sehr hohe Strömungskräfte in axialer Richtung. Außerdem ist die statische Kennlinie der Vorsteuerstufe relativ steil, so daß die Regelabweichung dieses Ventils um den Faktor 1o größer ist als bei den übrigen Ventilen. Die relativ großen Hysteresen der statischen Kennlinien werden durch Lagerreibung des Magnetankers in der Vorsteuerstufe verursacht.

Maßnahmen zur Verbesserung dieses Ventilverhaltens werden in Kapitel 8.7 behandelt.

Die niedrigsten bezogenen Regelabweichungen $\Delta p_A / \Delta Q_H$ der hier untersuchten elektrisch vorgesteuerten Druckventile weist das elektromotorisch vorgesteuerte Ventil V el. auf. Wie schon in Kapitel 8.2 beschrieben, ist die Hauptstufe kein 2-Wege-Einbauventil, sondern ein Sitzventil, bei dem die Druckwirkflächen zur Betätigung des Kolbens und die Steuerkante räumlich getrennt voneinander angeordnet sind. Dadurch ergibt sich zwischen der Druckwirkfläche des Öffnungsdrucks p_A und des Steuerdrucks p_x gegenüber der kleineren Druckwirkfläche für die Strömungskraft - die im Steuerquerschnitt auftritt - ein Verhältnis $A_{Druck}/A_{Strömungskraft} \approx 2,5$. Dadurch wird der Einfluß der Strömungskraft im Vergleich zu den untersuchten 2-Wege-Einbauventilen stark reduziert. Obwohl die niedrige Strömungskraft die Hauptursache des guten Regelverhaltens darstellt, ermöglicht das Exzenter-Verstellgetriebe eine größere Kraftübertragung auf den Kegel des Vorsteuerwiderstandes als ein Proportionalmagnet. Deshalb kann der Sitzdurchmesser der Vorsteuerstufe größer dimensioniert werden; die Durchflußcharakteristik verbessert sich, und man erhält eine flachere statische Kennlinie der Vorsteuerstufe, die sich in einer weiteren Verminderung der bezogenen Regelabweichung des Systemdruckes auswirkt. Dem guten statischen Verhalten des Ventils V el. steht allerdings ein erheblicher höherer konstruktiver Aufwand im Vergleich zu den übrigen Ventilen als Nachteil gegenüber.

8.5.1.2 Abhängigkeit des Systemdrucks vom Sollwert

Neben dem Gleichdruckverhalten ist für elektrisch vorgesteuerte Druckbegrenzungsventile die Abhängigkeit der Regelgröße Systemdruck p_A vom elektrischen Eingangssignal der Vorsteuerstufe von besonderer Bedeutung. Das Eingangssignal bestimmt die Höhe des Solldrucks; bei Proportionalmagneten ist es der Magnetstrom I, bei elektrischen Systemen mit Lageregelkreisen die Sollspannung U_E. Die Kennlinie $p_A = f(U_E)$

bzw. p_A = f(I) sollen möglichst linear verlaufen und eine geringe Hysterese aufweisen.

Bild 8.29 zeigt die Größen p_A, p_V und y_M als Funktion von U_E für Ventil II el. Die Auslenkung des Proportionalmagneten erzeugt eine Federkraft auf den Vorstufenkegel, die wie bei den mechanischen Druckventilen als Sollgröße verwendet wird. Der Magnetweg wird durch einen Lageregelkreis konstant gehalten und nimmt ab einer Spannung von o,7V, die aufgrund der Induktivitäten von Lageregelkreis und Magnet erst erreicht werden muß, linear mit U_E zu. Der Vorsteuerdruck p_V und der Systemdruck p_A steigen mit dem Magnetweg zu Beginn des Regelbereichs nicht linear an, da der Magnet zuerst nur die weiche Feder vor dem Vorsteuerkegel zusammendrückt und die Vorstufe schließt. Erst mit steigendem Druck p_V wird die steifere Vorstufenfeder zwischen Ventilkegel und Magnet wirksam. Ab einem Systemdruck von ca. 4obar steigt die Kennlinie p_A = f(U_E) näherungsweise linear an. Da der Lageregelkreis Wegabweichungen weitestgehend ausregelt, ist eine Hysterese im Meßschrieb nicht mehr feststellbar. Die Magnetkraft ermöglicht bei der vorliegenden Vorstufengeometrie einen max. Vorsteuerdruck von 175 bar. Der Volumenstrom Q_H durch die Hauptstufe wird bei der Ermittlung dieser Kennlinien konstant auf 9o l/min gehalten.

Für einen ungeregelten Proportionalmagneten ist in Bild 8.3o eine Kennlinie p_A = f(I) dargestellt. Diese Kennlinie des Ventils III el. steigt im Anfangsbereich (o,11÷o,25 A) progressiv an und verläuft danach bis o,55 A linear. Die Stromhysterese beträgt bei einem Solldruck von 15o bar o,o45 A (≙ 1o,2%); sie entsteht dadurch, daß bei konstantem Ankerstrom der Magnet infolge des Auf- und Entmagnetisierens unterschiedlich hohe Kräfte erzeugt. Da der Magnet mit einer Feder gekoppelt ist, führt diese Kraftdifferenz zu unterschiedlichen Vorstufenöffnungen y . Bei den untersuchten Magnetsystemen II el. + III el. sind Magnetanker und Vorstufenkolben fest verbunden; daher sind Magnetweg und Vorstufenöffnung, im Gegensatz zum Ventil II el., identisch.

Ventil III besitzt eine ähnliche Solldruck-Eingangsstrom-Kennlinie, deren Regelbereich von o,16-o,56A reicht und deren Stromhysterese bei 15o bar o,o52 A (≙13%) beträgt. Die Kennlinie ist annähernd linear.

Für das elektromotorisch vorgesteuerte Ventil V ergibt sich eine leicht progressiv ansteigende p_A - U_E - Kennlinie mit einer relativ großen Hysterese (Bild 8.31). Sie entsteht dadurch, daß im Motor, im Untersetzungsgetriebe und zwischen Rollenstößel und Exzenterscheibe Reibung vorhanden ist. Aufgrund der Getriebegeometrie ergibt sich dabei für die Reibungskraft am Rollenstößel ein veränderlicher, vom Verstellwinkel φ abhängiger Hebelarm. Zusätzlich nimmt die Normalkraft im Druckpunkt zwischen Exzenter und Rollenstößel mit steigender Federkraft, d.h. im Betrieb mit steigendem Solldruck, zu. Daher muß der elektrische Umformer nicht gegen ein konstantes Reibmoment, sondern gegen ein mit Drehwinkel φ und steigender Federkraft veränderliches Reibmoment die Vorstufe verstellen. Diese Einflüsse erzeugen die Form der im Bild 8.31 dargestellten Hysterese.

8.5.2 Dynamisches Verhalten

8.5.2.1 Untersuchung von Führungsgrößensprüngen

Änderungen der Führungsgröße, das ist bei Druckbegrenzungsventilen der Solldruck, sind mit elektrischen Umformern in der Vorsteuerung einfacher zu realisieren als mit mechanischen Vorsteuerstufen, bei denen mehrere, unterschiedlich eingestellte Vorstufen durch Pilotwegeventile auf die Hauptstufe geschaltet werden müssen (siehe Kapitel 4.3). Bei den elektrisch vorgesteuerten Druckbegrenzungsventilen werden Führungsgrößensprünge durch sprungförmige Änderung des elektrischen Eingangssignals U_E bzw. I erzeugt.

Eine Sprungantwort auf einen Führungsgrößensprung für Ventil II el. von 5o bar auf 15o bar ist in Bild 8.32 dargestellt. Auf die Änderung der Eingangsspannung U_E reagiert der Proportionalmagnet im Lageregelkreis mit einer zunächst ansteigenden, dann stetig langsamer werdenden Bewegung des Magnetankerweges y_M.

Durch die Auslenkung wird die Vorstufenfeder bis zum Erreichen des neuen Solldrucks vorgespannt. Die neue Sollposition des Magnetankers und der Solldruck werden nach ca. 14o ms erreicht.

Im Gegensatz zu den Führungsgrößensprüngen bei den mechanischen Druckventilen (Bild 6.14) wird bei Ventil II el. der Solldruck ohne Überschwingen des Drucksignals erreicht.

Bei mechanischen Vorsteuerstufen ist der Einschwingvorgang auf den neuen Systemdruck nach ca. 4o ms beendet (erstes Erreichen des Solldrucks nach ca. 1o ms), wenn das System genügend gut gedämpft ist (vergl. Bild Nr. 4.5).

Die Sprungantwort der Proportionalmagnete der Ventile III el. und IV el. zeigt mehr Ähnlichkeit mit den Sprungantworten der mechanischen Vorsteuerungen. Im Bild 8.32 ist für Ventil III el. eine typische Sprungantwort aufgezeichnet. Der Einschwingvorgang auf den neuen Solldruck ist nach ca. 8o ms beendet. Das untersuchte Ventil IV wird nach sprungförmigen Änderungen des Eingangssignals instabil; der Systemdruck p_A schwingt nach dem Einschwingvorgang weiterhin mit einer Amplitude von ca. 12 bar um seinen Sollwert. Diese Sprungantwort wird zusammen mit Stabilisierungsmaßnahmen in Kapitel 8.7 beschrieben. Bei der lagegeregelten Vorsteuerstufe des Ventils II el. wird der neue Systemdruck nach einer sprungförmigen Änderung der Eingangsspannung U_E erst nach ca. 3oo ÷ 4oo ms erreicht (Bild 8.34).

Die Spannung U_R (Rückführsignal) für den Motor nimmt dabei linear zu, bis der Sollwert erreicht ist, d.h. U_R ist gleich U_E. Der Systemdruck p_A steigt nach dem Führungsgrößensprung exponentiell an und hat seinen Sollwert nach einem Überschwinger erreicht. Aufgrund der hohen Massenträgheit des Motors und des Getriebes ergibt sich eine für Ventile extrem lange Ausregelzeitkonstante bei dieser Ansteuerung.

8.5.2.2 Untersuchung von Störgrößensprüngen

Störgrößensprünge am Druckventil werden durch sprungförmige Volumenstromänderungen in der Anschlußleitung zum Ventil mit Hilfe eines Schnellschaltventils erzeugt (s.a. Kapitel 4.1). Dabei ändert sich der Volumenstrom durch das Druckventil von o auf 8o l/min.

Die mit Proportionalmagnet und Lageregelkreis ausgerüstete Vorstufe des Ventils II el. unterscheidet sich von der mechanischen Vorstufe dadurch, daß die Feder des Vorstufenkolbens nicht durch eine Spindel (feste Gegenlager), sondern durch den Magnetanker vorgespannt wird. Da der Magnetanker beim Auftreten großer Druckkräfte - wegen seiner begrenzten Kraft - nachgibt (s. Bild 8.35), wird hierdurch nach Überschreiten des Sollsteuerdruckes die Federvorspannung verringert. Der Druck fällt in der Vorstufe weiter ab, so daß die Hauptstufe weiter öffnen kann und einen tieferen Druckeinbruch als beim mechanischen System erzeugt. Die Folgen sind eine schlechtere Dämpfung D und eine niedrigere Frequenz f des Gesamtsystems:

$D_{el} = 0{,}045$ $\qquad f_{el} = 50$ Hz

$D_{mech} = 0{,}23$ $\qquad f_{mech} = 60$ Hz

Die elektrischen Ventile III el. und IV el. unterscheiden sich in ihren dynamischen Eigenschaften beträchtlich von denen mechanisch vorgesteuerter, da der fest mit dem Vorstufenkegel verbundene Magnetanker die bewegliche Masse der Vorstufe erheblich vergrößert. Daher sind die Eigenfrequenzen dieser Magnetvorstufen ($\omega_0 = \sqrt{c/m}$) erheblich niedriger als die der mechanischen (Größenordnung 1:1o) und führen bei nicht ausreichender Dämpfung des Systems eher zur Instabilität des Gesamtventils. Zusätzlich verursachen die Vorsteuerstufe wegen ihrer Massenträgheit von Kolben und Magnet höhere Druckspitzen (siehe Bild 8.35).

Der Motor- und Exzentergetriebeteil des Ventils V el. bietet für die Druckfeder ein festes Gegenlager. Die Sprungantworten dieses Ventils sind vergleichbar mit denen mechanischer. Bei niedrigem Solldruck treten hohe Druckspitzen auf, die mit zunehmendem Solldruck jedoch geringer werden. Das Ventil ist nach ca. 6o ms auf seinen Sollwert eingeschwungen.

8.6 Einfluß eines Dither-Signals

Die Magnetankerachsen der untersuchten Vorsteuerstufen werden in Gleitlagern geführt, die verhältnismäßig große Reibung aufweisen. Die Reibung in den Vorsteuerstufen beeinflußt das statische Verhalten des Gesamtventils und zeigt sich durch Umkehrspannen in den Kennlinien $p_A = f(I)$ und Kennlinien $Q_H = f(p_A)$. Bei dynamischer Beanspruchung verursachen die Reibkräfte am Magnetanker bei Systemen mit starrer

Verbindung zwischen Anker und Vorstufenkegel eine zusätzliche Dämpfung der Kegelbewegung und verzögertes Ansprechen der Vorsteuerung bei schnellen Druckänderungen.

Da reibungsarme Magnetankerlagerungen, wie z.B. Membranlagerungen oder Kugellagerungen, konstruktiv aufwendig sind, wird in den meisten Fällen der Einfluß der Haftreibung in den Lagerstellen durch ein "Dither"-Signal herabgesetzt. Dem Magnetankerstrom wird dabei ein hochfrequenter Wechselstrom geringer Amplitude überlagert, der leichte Vibrationen des Magnetankers erzeugt.

Vorsteuerstufen mit Proportionalmagnet werden daher bei handelsüblichen Geräten im Normalfall mit Dither betrieben; die elektrischen Versorgungsgeräte der untersuchten Ventile sind vom Hersteller mit einem Dither ausgerüstet. Deshalb wurden alle in Kapitel 8 beschriebenen Messungen grundsätzlich mit Dither durchgeführt. Zur Untersuchung des Dither-Einflusses wurde dieses Signal bei einigen Messungen abgeschaltet.

Am Ventil III el. erhöhte sich ohne Ditherbetrieb die Hysterese der Kennlinien $p_A = f(I)$ von 12,4% auf 14,6%. Im dynamischen Verhalten wurde ohne Ditherbetrieb die Zeit bis zur Ausregelung des Sollwertes größer; nach Sprungantworten schwankt der Sollwert des Druckes im Bereich der Hysterese. Außerdem sind die Sollwerte schlechter reproduzierbar.

Die Dauer des Einschwingvorganges wird aufgrund der größeren Reibung größer und die Frequenz damit niedriger. Die gleichen Dithereinflüsse wurden am Ventil IV festgestellt.

8.7 Verbesserung des Betriebsverhaltens

Bei der Untersuchung der elektrisch angesteuerten Druckventile ergab sich ein schlechtes statisches und dynamisches Verhalten des Ventils IV el. im Vergleich mit den übrigen Druckventilen. Am Beispiel des Ventils sollen deshalb Maßnahmen zur Verbesserung des Betriebsverhaltens aufgezeigt werden.

Sowohl die hohen Regelabweichungen und Hysteresen im statischen Kennfeld als auch das Auftreten von Instabilitäten bei Störgrößensprüngen und Führungsgrößensprüngen machen Verbesserungsmaßnahmen erforderlich.

Ursachen für die hohe Regelabweichung sind u.a. die Steilheit der Vorstufenkennlinie und große Strömungskräfte an der Hauptstufe.

Die Steigung der Vorstufenkennlinie kann durch einen größeren Sitzdurchmesser des Vorstufenkegels verringert werden, da der gleiche Strömungsquerschnitt bei kleinerem Magnetankerweg y freigegeben wird und durch den kleineren Weg der Einfluß der Feder abnimmt. Diese Maßnahme hat allerdings den Nachteil, daß ein stärkerer und damit größerer Magnet eingebaut werden muß.

Hohe Strömungskräfte entstehen an der verwendeten Hauptstufe dadurch, daß die öffnenden Druckkräfte in einem verhältnismäßig langen, durch $3o^{o}$-Kegelsitz und 35°-Kolbenkegel gebildeten Strömungskanal sehr stark geschwindigkeitsabhängig sind. Der hier entstehende große Druckkraftverlust, der mit zunehmendem Volumenstrom Q_H ansteigt, wurde als Strömungskraft F_{StrH} bezeichnet und in Kapitel 3.3.4 ausführlich beschrieben. Durch Verminderung des Hauptstufenkegelstumpfes von einer ursprünglichen Höhe von o,8 mm auf o,2 mm wird der keilförmige Strömungskanal verkürzt; der Hauptstufenkegelstumpf entspricht damit weitgehend der Form des zylindrischen Kolbens, bei dem Strömungskräfte verhältnismäßig klein sind. Durch diese Maßnahme konnte die Regelabweichung um 3o% verringert werden. Gleichzeitig wurde durch einen reibungsärmeren Magneten die Umkehrspanne der Kennlinien auf einen vernachlässigbaren Wert reduziert. Die durch diese Maßnahmen verbesserten statischen Kennlinien sind in Bild 8.37 den ursprünglichen gegenübergestellt.

Das dynamische Verhalten des unverbesserten Ventils auf einen Führungsgrößensprung zeigt Bild 8.38. Die Instabilität des Ventils führt zu großen Systemdruckschwingungen.

Neben der konstruktiven Änderung der Hauptstufe und dem Einsatz eines reibungsfreien Magneten wird deshalb zusätzlich das Widerstandsnetzwerk zwischen Hauptstufe und Vorsteuerstufe modifiziert mit dem Ziel, die Dämpfung des Systems zu erhöhen. Der Widerstand R'_1 vor dem Vorstufenkegel, der nach der Netzwerksystematik in 5.3 und 6.1.3 keine funktionsbedingten Vorteile bringt, wird entfernt, so daß der Steuerdruck p_x im statischen Fall dem Vorstufendruck p_V entspricht. Der Durchmesser d_{R2} wird von o,6 auf o,8 mm vergrößert. Die Durchmesser der in Reihe geschalteten Widerstände R_1 und R_4, die in der Systematik durch einen Widerstand dargestellt werden können, werden beide auf o,6 mm verringert, wodurch der Vorstufenstrom Q_V bei gleichbleibender Druckdifferenz p_A-p_X herabgesetzt wird. Aus den Diagrammen in Kapitel 6.1.3 wurden diese Maßnahmen der Durchmesseranpassung entnommen, die zu einer Verbesserung der Dämpfung und der bezogenen Druckspitze führen. Im Bild 8.38 wird in einem Vergleich gezeigt, daß das Ventil durch die vorgenommenen Änderungen stabil, besser gedämpft und mit einer geringeren Druckspitze arbeitet als das zu Beginn untersuchte Ventil. Außerdem erreicht der Solldruck p_A nach einem Führungsgrößensprung seinen stabilen Sollwert nach ca. 1oo ms.

9. Zusammenfassung

An vorgesteuerte Druckbegrenzungsventile werden sehr hohe Anforderungen hinsichtlich des statischen und dynamischen Verhaltens gestellt. Ein gutes statisches Verhalten ist gekennzeichnet durch eine mit ansteigendem Ventilstrom möglichst geringe Systemdruckzunahme (geringe Regelabweichung). Hinsichtlich des dynamischen Verhaltens soll das Ventil den Druck bei Volumenstromsprüngen schnell und mit möglichst geringen Druckspitzen ausregeln. Für ein stabiles Betriebsverhalten ist außerdem eine gute Dämpfung der Kolbenbewegung notwendig.

Die Aufgabe des durchgeführten Forschungsvorhabens bestand darin, den Einfluß verschiedener Betriebs-, Konstruktions- und Systemdaten auf das statische und dynamische Verhalten vorgesteuerter Druckbegrenzungsvnetile sowohl experimentell als auch analytisch zu erfassen.

Aufbauend auf Ergebnisse experimenteller Untersuchungen nichtlinearer Zusammenhänge wie die Durchflußcharakteristiken konstanter und variabler Widerstände, hydraulischer Kapazitäten und der Strömungskraftverläufe wurde ein umfassendes mathematisches Modell eines vorgesteuerten Druckbegrenzungsventils erstellt. Die empirisch gewonnenen Meßwerte, z.B. $E_{Öl}$ (p), können mit Hilfe numerischer Verfahren durch einfache Funktionen beschrieben und in das Modell eingefügt werden.

Die Gegenüberstellung der Meßergebnisse aus praktischen Versuchen und den Lösungsfunktionen einer Analogrechnersimulation bestätigen die Eignung des mathematischen Modells zur Nachbildung des komplexen Ventilsystems.

In einer umfangreichen Parameterstudie wurden die Einflußgrößen auf das statische und dynamische Verhalten aufgezeigt und durch definierte Kennwerte beschrieben. Bei der Untersuchung des dynamischen Verhaltens mit Hilfe von Störgrößen- und Führungsgrößensprüngen wurde deutlich, daß die Auslegung des Widerstandsnetzwerks zwischen Vor- und Hauptstufe von entscheidender Bedeutung ist und wegen der leichten Eingriffsmöglichkeit (Austausch von Einschraubblenden) eine sowohl praxisgerechte als auch wirksame Beeinflussung des Ventilsverhaltens erlaubt.

Wegen des Einflusses der Strömungskräfte an der Hauptstufe auf das Ventilverhalten bildet die experimentelle Untersuchung der Strömungskräfte für verschiednee Hauptstufengeometrien einen Schwerpunkt dieses Vorhabens.

Einflußgrößen und ihre Wirksamkeit auf die untersuchten Parameter des Ventilverhaltens sind in einer Tabelle aufgeführt. Bei der Diskussion der Optimierungsmöglichkeiten anhand der Tabelle zeigt sich, daß ein Kompromiß zwischen gutem statischen und befriedigendem dynamischen Verhalten eingegeangen werden muß. Ein Optimum wird bei Verwendung von Widerstandsnetzwerk 3 erreicht.

Aufgrund der zusätzlichen konstruktiven Besonderheiten elektrisch vorgesteuerter Druckventile unterscheidet sich deren statisches und dynamisches Verhalten von dem der mechanisch vorgesteuerten Ventile. Zur Beurteilung der charakteristischen Einflüsse der Einzelkomponenten (elektromechanische Umformer, Vorstufen und Hauptstufen) auf das Verhalten des Gesamtventils wurden umfangreiche statische und dynamische Untersuchungen durchgeführt.

Die wesentlichen Unterschiede im stationären und dynamischen Verhalten von mechanisch und elektrisch vorgesteuerten Druckbegrenzungsventilen entstehen durch die Eigenschaften des elektromechanischen Umformers: Der verhältnismäßig leistungsschwache Proportionalmagnet ohne Lageregelung führt zu kleineren Sitzdurchmessern in der Vorsteuerstufe und damit zu ungünstigerem Verhalten des Gesamtventils. Durch eine zusätzliche elektronische Lageregelung oder durch andere, aufwendigere Umformer, z.B. Elektromotor mit Getriebe, lassen sich die Unterschiede verkleinern.

Die bei den mechanischen Ventilen gewonnenen Erkenntnisse über Möglichkeiten zur Optimierung von Druckventilen konnten gezielt auch zur Verbesserung des Betriebsverhaltens elektrischer Ventile eingesetzt werden. Das verbesserte Ventilverhalten zeigt, daß unter Berücksichtigung des Einflusses der elektrischen Vorsteuerung die hydraulischen Gesetzmäßigkeiten von Vorstufe, Widerstandsnetzwerk und Hauptstufe allgemeingültig und technisch anwendbar sind.

Ein Vergleich der mechanischen und elektrischen Druckventile zeigt Vor- und Nachteile beider Systeme auf. Aufgrund der charakteristischen Eigenschaften und Merkmale ergeben sich daraus die bevorzugten Einsatzgebiete und die Einsatzgrenzen der unterschiedlichen Konstruktionsprinzipien. Die vorliegenden Untersuchungen sollen dem Hersteller und dem Anwender die Möglichkeit geben, das statische und dynamische Verhalten von vorgesteuerten Druckbegrenzungsventilen so zu bestimmen, daß Kosten und Zeitaufwand für eine experimentelle Optimierung im Versuchsfeld reduziert werden können.

1o. Literaturverzeichnis

1. Brodowski, W. — Beitrag zur Klärung des stationären und dynamischen Verhaltens direktwirkender Druckbegrenzungsventile
Dissertation RWTH Aachen 1973

2. Bickel, E.
Acel, St. — Statisches und dynamisches Verhalten von Überdruckventilen in ölhydraulischen Kreisläufen
Technische Rundschau Bern, Nr. 22

3. Reimer, G. — Ein Beitrag zur Klärung des stationären Verhaltens von direktwirkenden Druckbegrenzungsventilen in Hochdruckkreisläufen der Bergwerksmaschinenhydraulik
Dissertation RWTH Aachen 1971

4. Todorow, St.W. — Dynamisches Verhalten von Druckventilen
Maschinenbautechnik 23, 1974, Heft 3

5. Scheffel, G. — Stationäres und dynamisches Verhalten eines direktgesteuerten Kegelsitzventils unter dem Einfluß der Ventilgeometrie
Dissertation RWTH Aachen 1977

6. Backé, W. — Systematik der hydraulischen Widerstandsschaltungen in Ventilen und Regelkreisen
Krausskopf-Verlag 1974

7. Storr, A. — Beitrag zur Klärung des dynamischen Verhaltens vorgesteuerter ölhydraulischer Druckventile
Dissertation Universität Stuttgart 1967

8. Backé, W.
Rünnenburger, M. — Zur Klärung des Verhaltens von Überdruckventilen
Industrie-Anzeiger, 86. Jg., Nr. 98, o8.12.1964

9. Riedel, H.P. — Untersuchung von Kavitationserscheinungen an hydraulischen Widerständen
Dissertation RWTH Aachen 1973

1o. Lichtarowicz, A. — Discharge coefficients for incompressible non-caviating flow through long orifices
Journal mechanical engineering science
Nr. 2 1965

11. Wanner, K. — Messung und Untersuchung der axialen Kräfte an ölhydraulischen Steuerschiebern
Dissertation TH Stuttgart 1965

12. Zick, J. — Untersuchung an Regelblenden sehr kleiner Öffnung
Ölhydraulik und Pneumatik 1o
(1966) Nr. 5 und Nr. 9

13. Weule, H. — Eine Durchflußgleichung für den laminar - turbulenten Strömungsbereich
Ölhydraulik und Pneumatik 18 (1974), Nr. 1

14. Backé, W. — Grundlagen der Ölhydraulik
Umdruck zur Vorlesung 1974
Viskosität - Temperatur - Blatt des Öllieferanten Wenzel + Weidmann Eschweiler

15. Lang, E. — Ventil- und Druckschwingungen in der Werkzeugmaschinenhydraulik
Dissertation TH Stuttgart 1962

16. Blackburn, J.F., Reethof, G., Shearer, J.L. — Kräfte bei stationärem Betrieb
Fluid power control, Band 2, S.175 ff
Krausskopf Verlag, Wiesbaden 1962

17. Tatar, H. — Störkräfte bei elektromagnetisch betätigten Wegeventilen
Dissertation RWTH Aachen 1974

18. Stone, J.A. Discharge Coefficients and Steady-State flow Forces for Hydraulic Poppet Valves
Journal of Basic Engineering 144, März 196o

19. Wobben, D. Strömungskräfte an 2-Wege-Einbauventilen
Industrie-Anzeiger, 1oo. Jg., Nr. 22 v. 17.o3.1978

2o. Wobben, D. Statisches und dynamisches Verhalten vorgesteuerter Druckbegrenzungsventile unter besonderer Berücksichtigung der Strömungskräfte
Dissertation RWTH Aachen 1978

21. Schwarz, H. Elektronische Analogrechner
Franckh'sche Verlagshandlung, Stuttgart 1962

22. Oppelt, W. Kleines Handbuch technischer Regelvorgänge
Verlag Chemie, Weinheim 1972

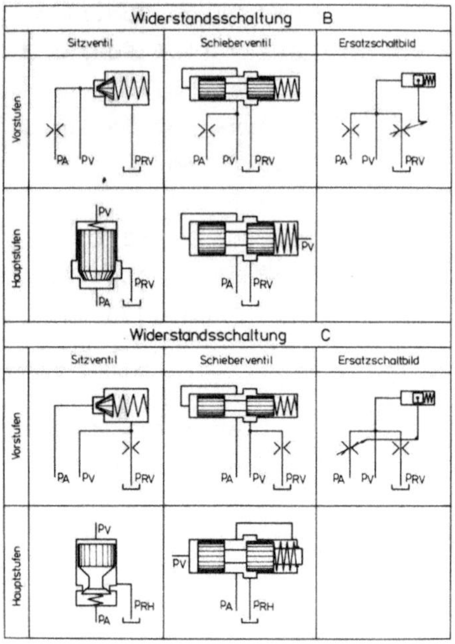

<u>Bild 1.1:</u> Systematik vorgesteuerter Druckbegrenzungsventile

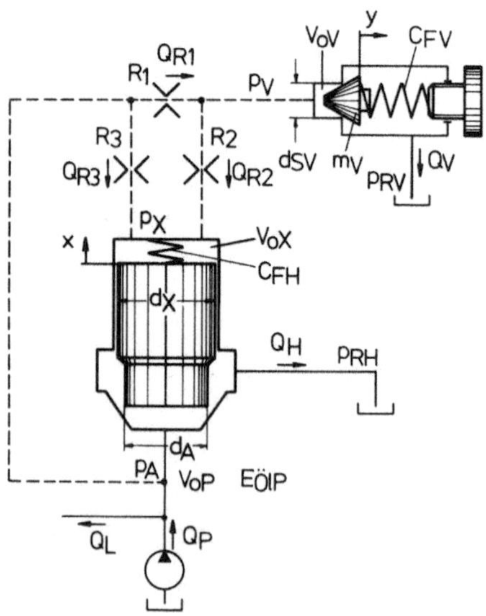

<u>Bild 1.2:</u> Schematischer Aufbau eines vorgesteuerten Druckbegrenzungsventils mit Bezeichnungen

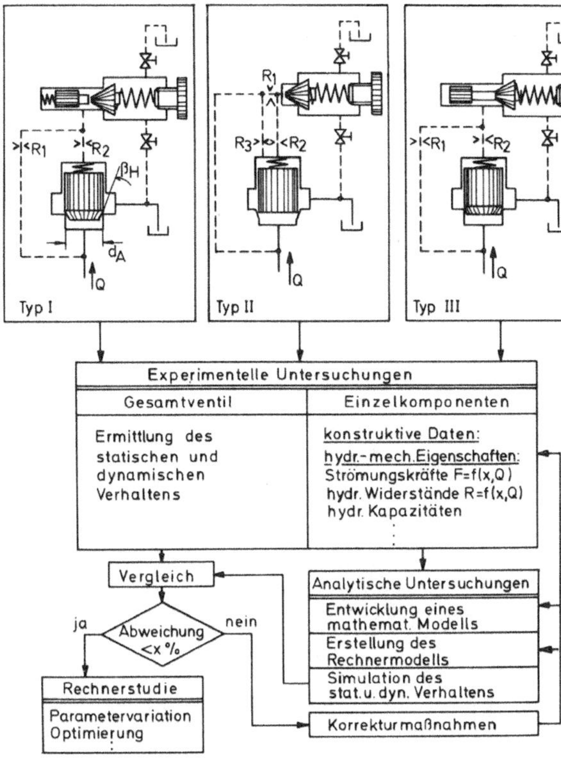

Bild 1.3: Methodik zur Untersuchung vorgesteuerter Druckbegrenzungsventile

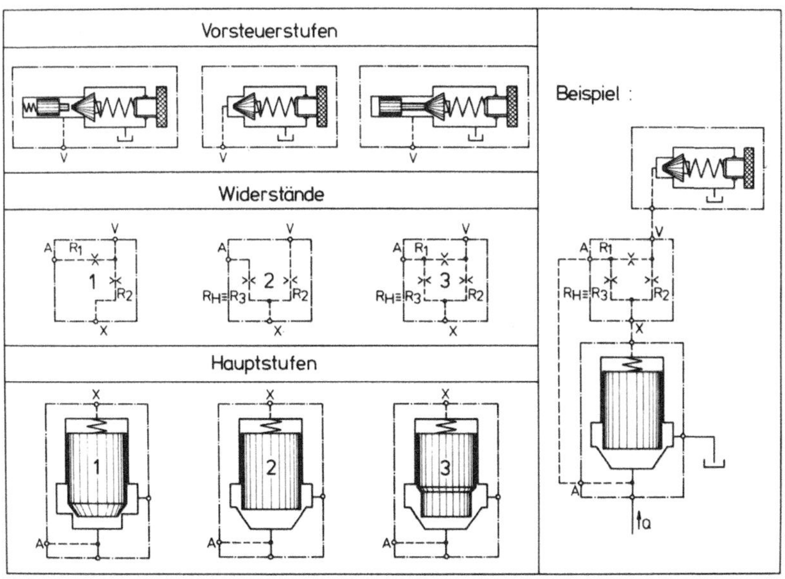

Bild 1.4: Schaltungsmöglichkeiten für vorgesteuerte Druckbegrenzungsventile

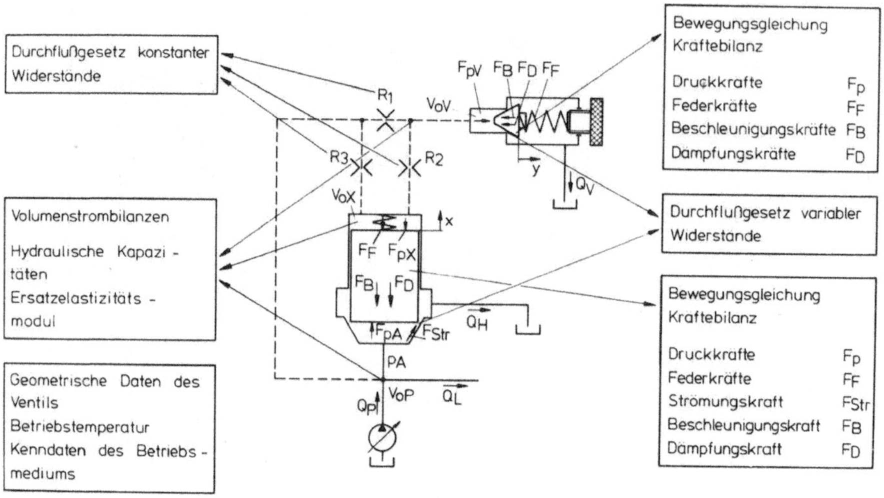

Bild 2.1: Zuordnung analytischer Gesetzmäßigkeiten zu den einzelnen Komponenten eines vorgesteuerten Druckbegrenzungsventils

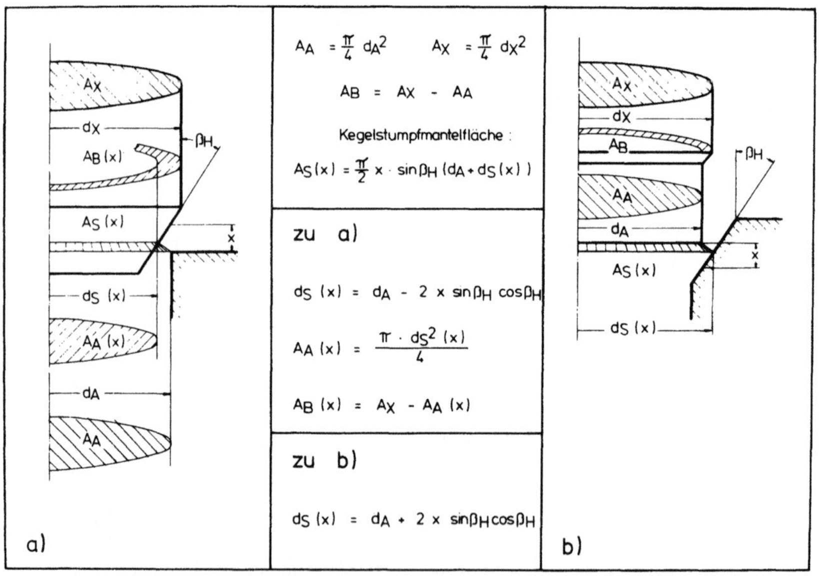

Bild 2.2: Steuerquerschnittsfläche $A_S(x)$ und Druckwirkfläche $A_A(x)$, $A_B(x)$ bzw. A_A, A_B

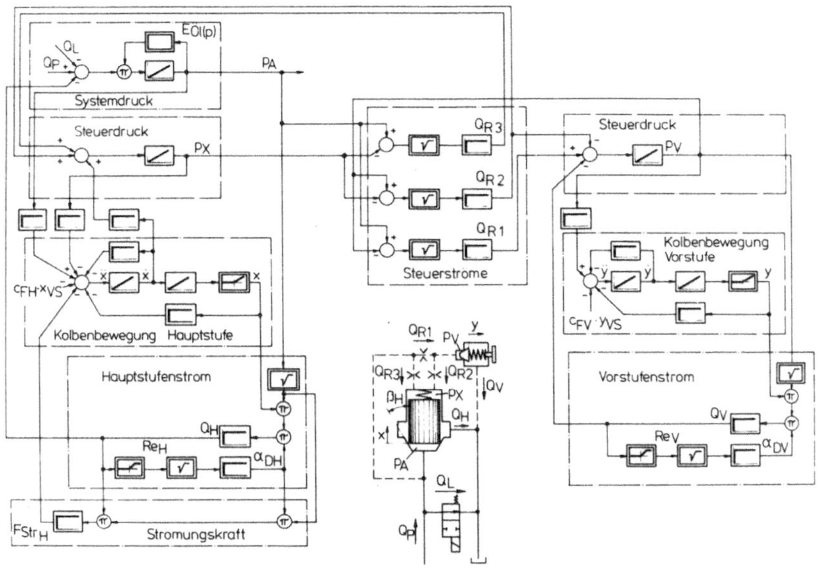

Bild 2.3: Blockschaltbild eines vorgesteuerten Druckbegrenzungsventils

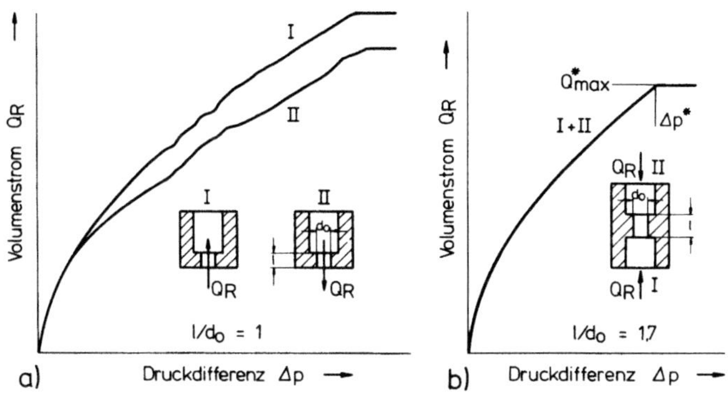

Bild 3.1: Durchflußkennlinie eines unsymmetrischen und eines symmetrischen Strömungswiderstandes

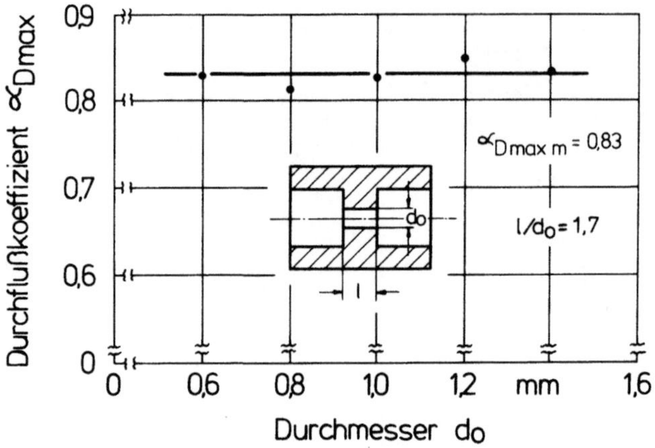

Bild 3.2: Maximaler Durchflußkoeffizient $\alpha_{D\ max}$ als Funktion des Blendendurchmessers d_o

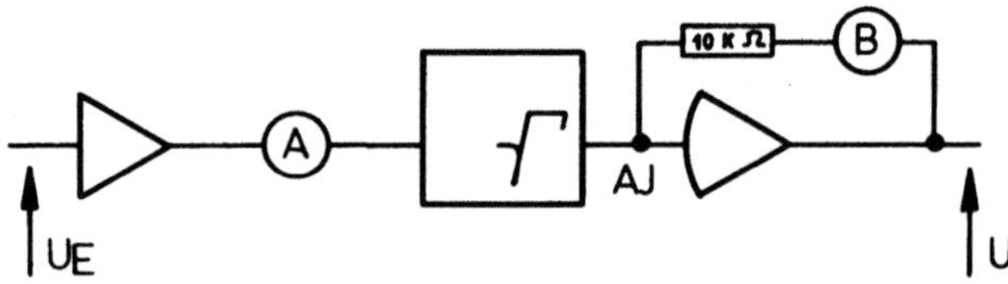

Bild 3.3: Analogrechnerschaltung für das Durchflußgesetz zur Beschreibung laminarer und turbulenter Strömung an Widerständen konstanten Querschnitts

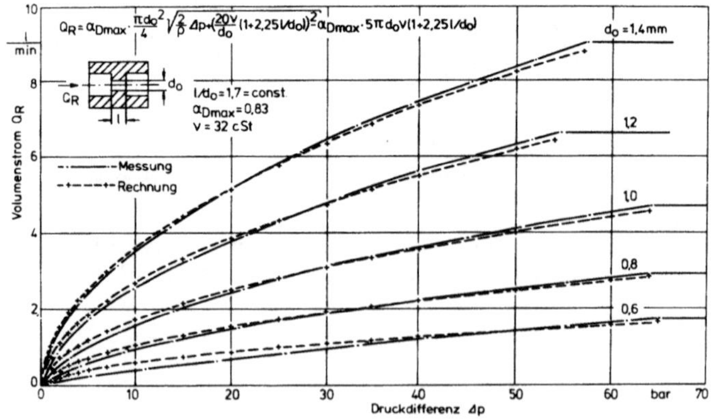

Bild 3.4: Durchflußcharakteristik der Strömungswiderstände in den Versuchsventilen (Messung - Rechnung)

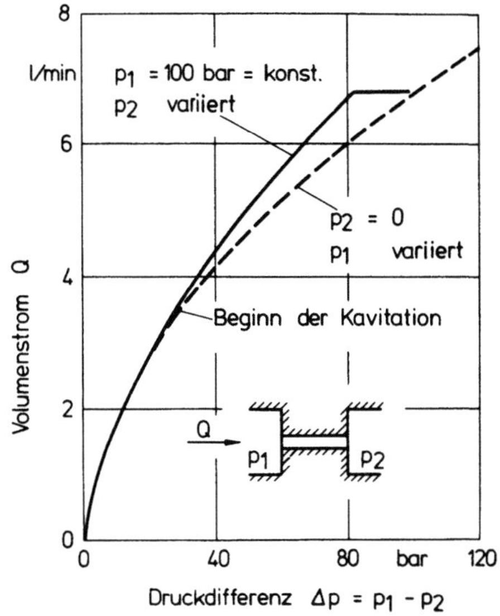

Bild 3.5: Durchflußcharakteristik eines Widerstandes bei verschiedenen Versuchsmethoden

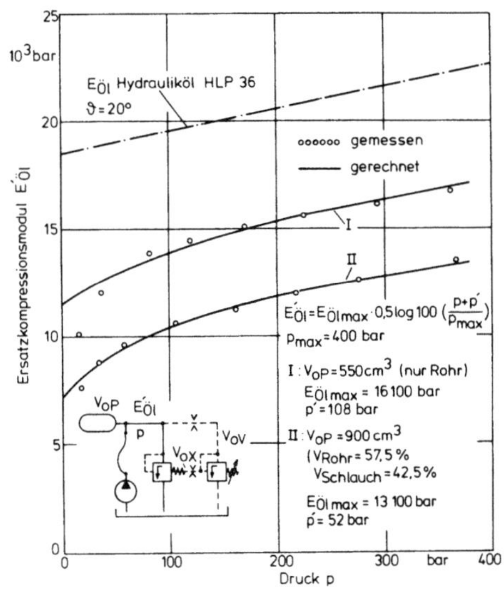

Bild 3.6: Ersatzkompressibilitätsmodul $E'_{Öl}$ für Rohrleitung bzw. für Kombination Rohr-Schlauchleit ng

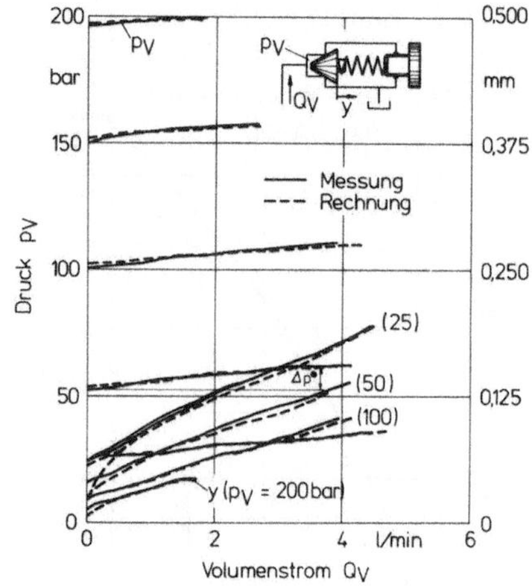

Bild 3.7: Statisches Kennfeld einer Vorsteuerstufe

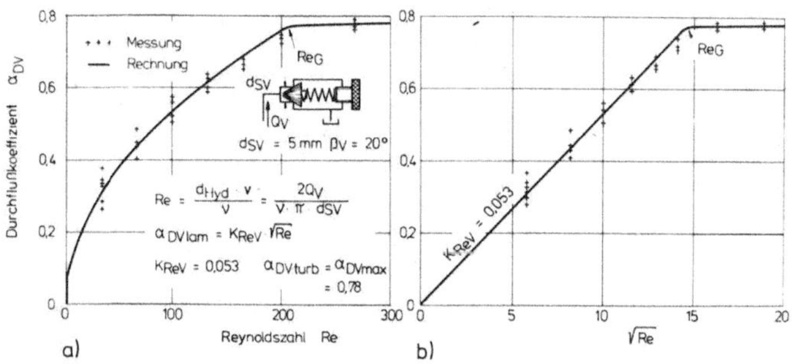

Bild 3.8: Durchflußcharakteristik einer Vorsteuerstufe mit Näherungsfunktion in Abhängigkeit von Re und $\sqrt{Re}$

	Vorsteuerstufen	Kennwerte
TYP I	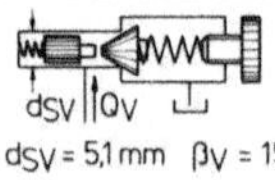 d_{SV} = 5,1 mm β_V = 15° c_{FV} = 216 N/mm	α_{DVmax} = 0,89 K_{ReV} = 0,048 Re_G = 343
TYP II	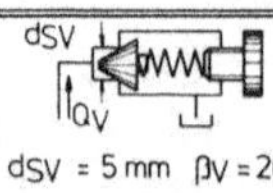 d_{SV} = 5 mm β_V = 20° c_{FV} = 146 N/mm	α_{DVmax} = 0,78 K_{ReV} = 0,053 Re_G = 217
TYP III	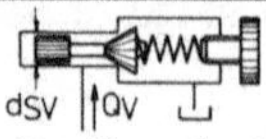 d_{SV} = 5,1 mm β_V = 20° c_{FV} = 98,4 N/mm	α_{DVmax} = 0,68 K_{ReV} = 0,044 Re_G = 239

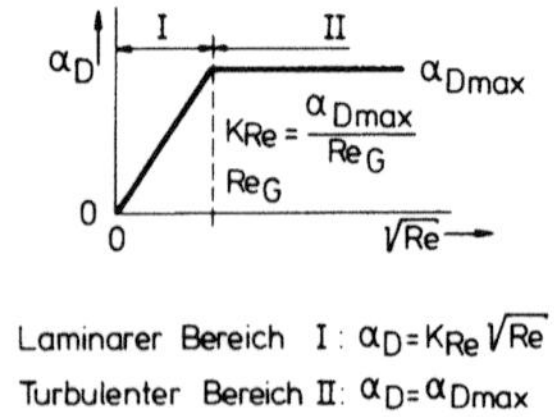

Laminarer Bereich I: $\alpha_D = K_{Re}\sqrt{Re}$

Turbulenter Bereich II: $\alpha_D = \alpha_{Dmax}$

Bild 3.9: Kenndaten zur Beschreibung der Durchflußcharakteristik der Vorsteuerstufen

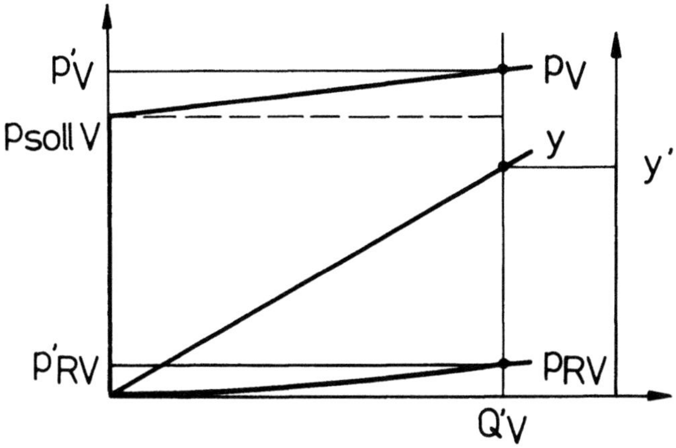

Bild 3.1o: Skizze zur Erklärung der Strömungskraftermittlung aus einem Vorstufenkennfeld

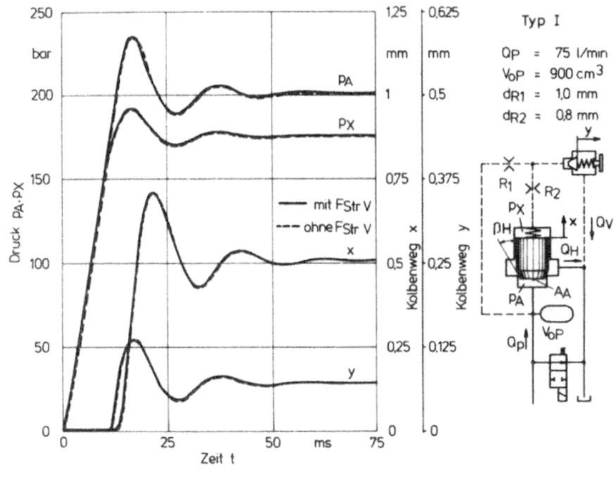

Bild 3.11: Gerechnete Sprungantworten eines vorgesteuerten Druckbegrenzungsventils mit und ohne Strömungskraft an der Vorsteuerstufe

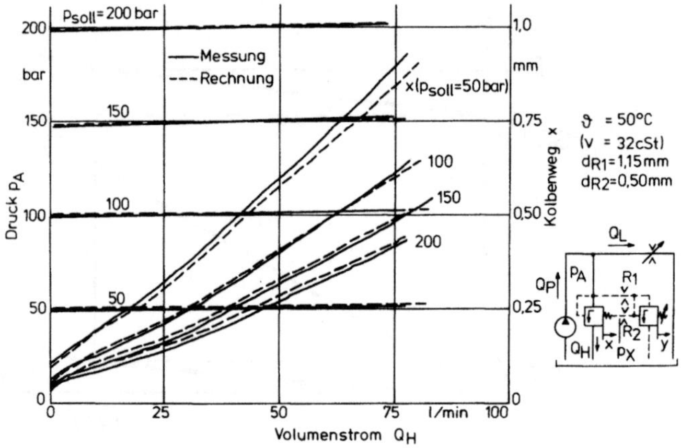

Bild 3.12: Statisches Kennfeld eines vorgesteuerten Druckbegrenzungsventils Typ II

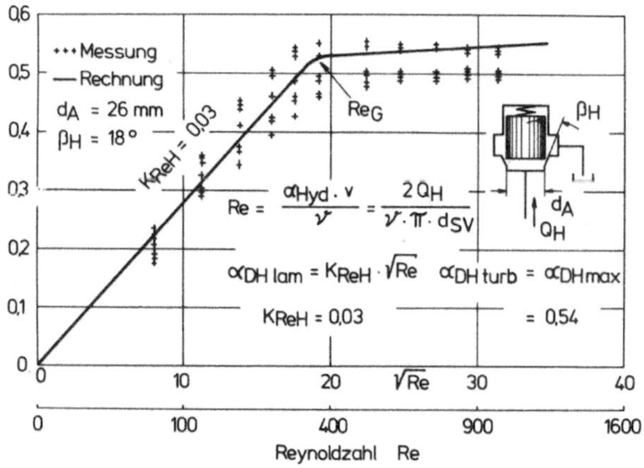

Bild 3.13: Durchflußkoeffizient $\alpha_{DH} = f(\sqrt{Re})$ mit Näherungsfunktion Typ II

	Hauptstufen		Kennwerte
TYP I	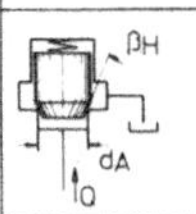	A_A/A_X = 1 : 1,06 d_A = 16,07 mm β_H = 15 ° c_{FH} = 4,4 N/mm	α_{DHmax} = 0,85 K_{ReH} = 0,052 Re_G = 257
TYP II	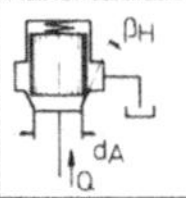	A_A/A_X = 1 : 1 d_A = 26 mm β_H = 18 ° c_{FH} = 3,37 N/mm	α_{DHmax} = 0,54 K_{ReH} = 0,03 Re_G = 372
TYP III/1	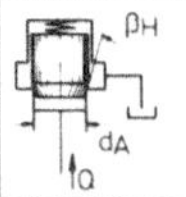	A_A/A_X = 1 : 1,07 d_A = 15,5 mm β_H = 20 ° c_{FH} = 7,66 N/mm	α_{DHmax} = 0,815 K_{ReH} = 0,045 Re_G = 328
TYP III/2	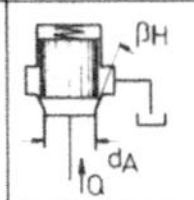	A_A/A_X = 1 : 1 d_A = 16 mm β_H = 18 °	α_{DHmax} = 0,695 K_{ReH} = 0,053 Re_G = 172
TYP III/3	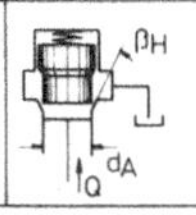	A_A/A_X = 1 : 1,07 d_A = 15,5 mm β_H = 18 °	α_{DHmax} = 0,69 K_{ReH} = 0,05 Re_G = 150

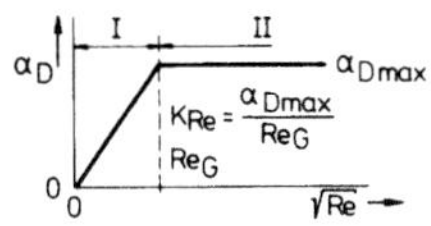

Laminarer Bereich I : $\alpha_D = K_{Re}\sqrt{Re}$

Turbulenter Bereich II : $\alpha_D = \alpha_{Dmax}$

Bild 3.14: Kenndaten zur Beschreibung der Durchflußcharakteristik der Hauptstufen

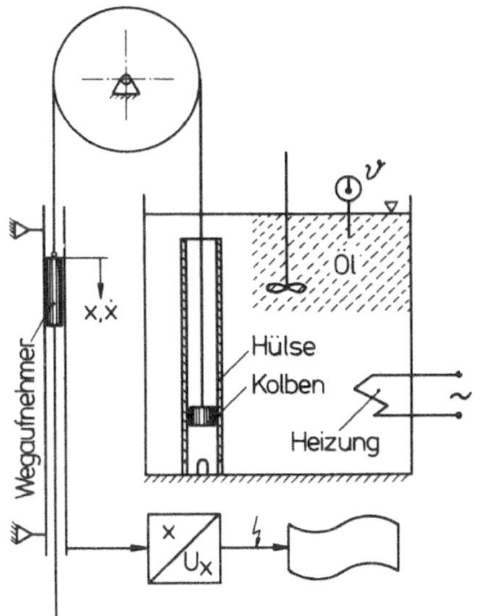

Bild 3.15: Versuchsanordnung zur Ermittlung des Reibungsbeiwertes d_H

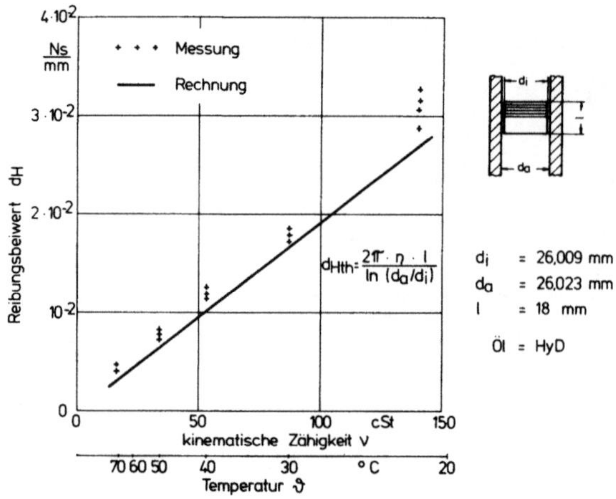

Bild 3.16: Reibungsbeiwert als Funktion der kinematischen Zähigkeit ν bzw.der Temperatur ϑ (Messung - Rechnung)

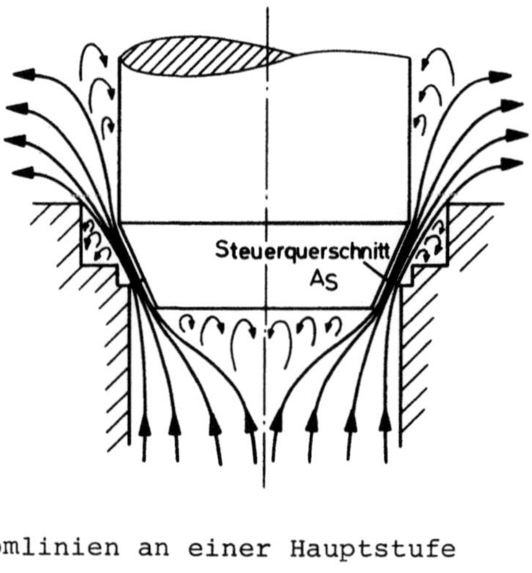

Bild 3.17: Stromlinien an einer Hauptstufe

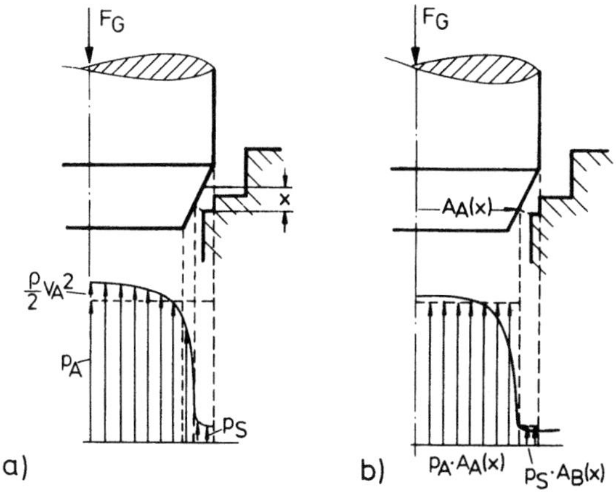

Bild 3.18: Druckverteilungen a) und Druckkräfte b) am Kolben

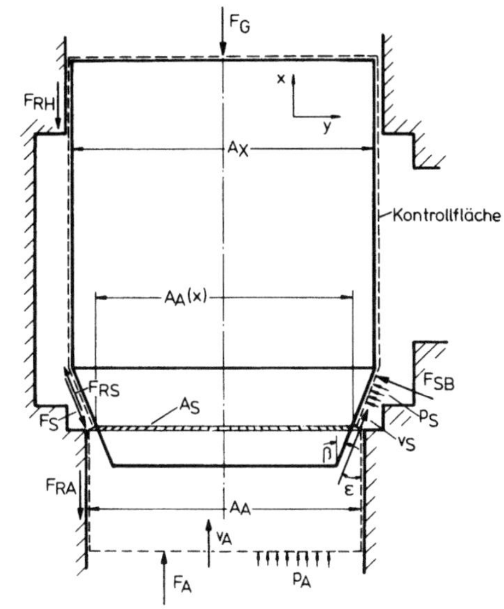

Bild 3.19: Kontrollfläche für den Impulssatz an einem Kegelkolben

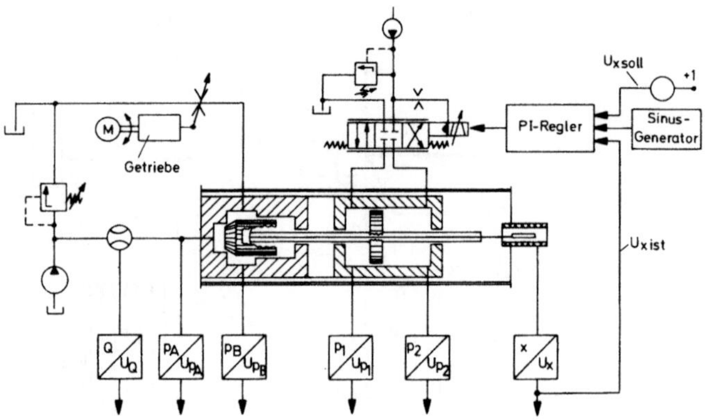

Bild 3.2o: Versuchs- und Meßaufbau zur Ermittlung von Strömungskräften

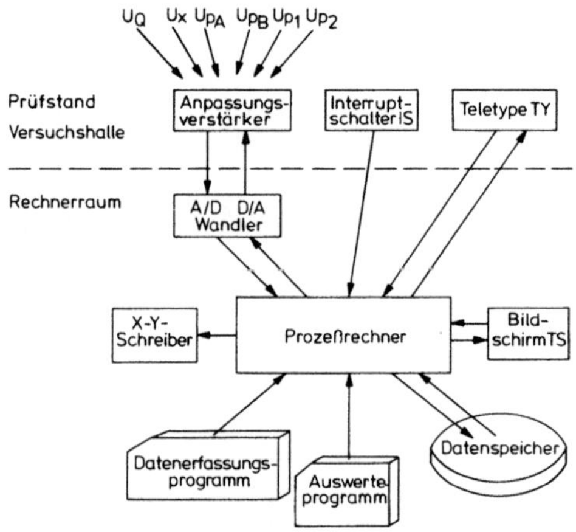

Bild 3.21: Prinzip der Datenerfassungsanlage

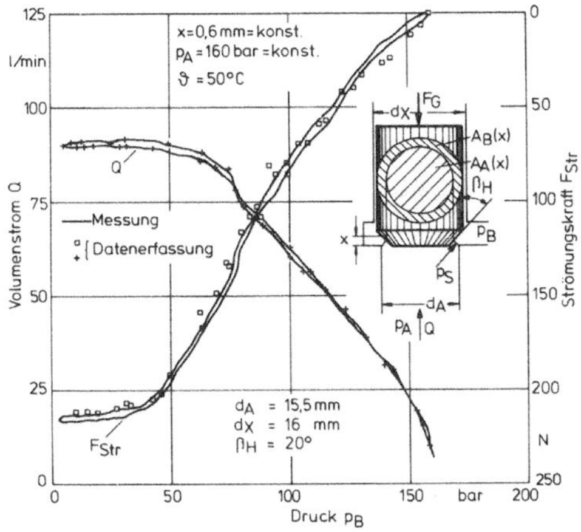

Bild 3.22: Strömungskraft und Volumenstrom aus Messung und Datenerfassung

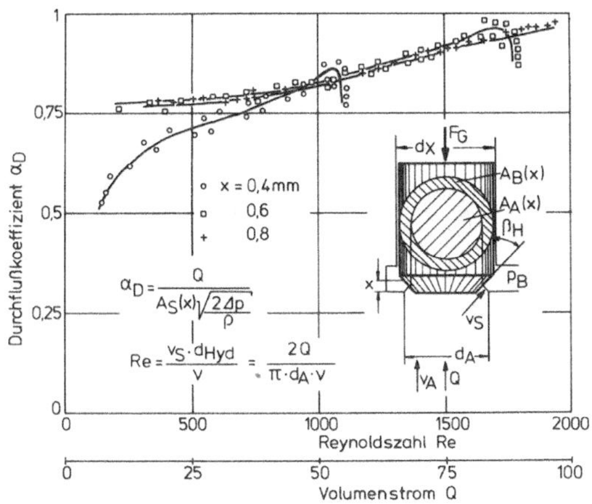

Bild 3.23: Durchflußkoeffizient α_D als Funktion von Re und Q

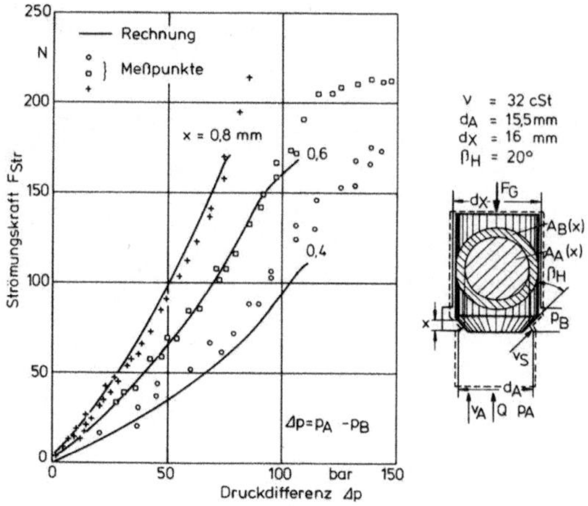

Bild 3.24: Gemessene und gerechnete Strömungskräfte als Funktion der Druckdifferenz

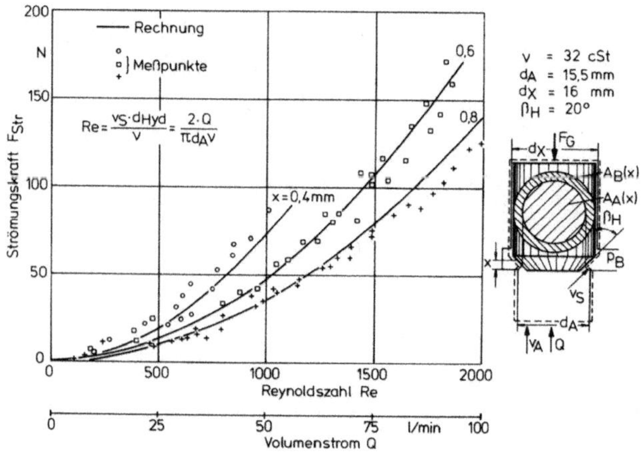

Bild 3.25: Gemessene und gerechnete Strömungskräfte als Funktion der Reynoldszahl und des Volumenstroms

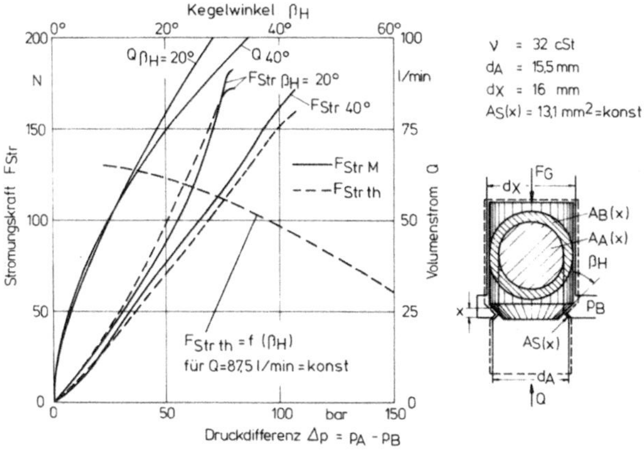

Bild 3.26: Gemessene und gerechnete Strömungskräfte sowie Volumenstrom als Funktion von Δp für verschiedene Kegelwinkel β_H

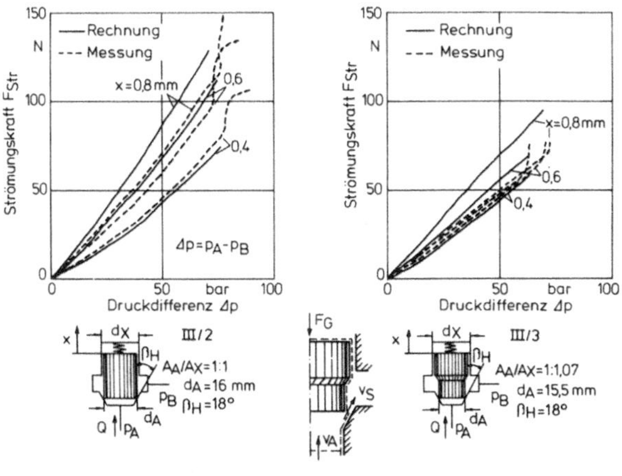

Bild 3.27: Gemessene und gerechnete Strömungskräfte als Funktion von Δp für zylindrische Hauptstufenkolben

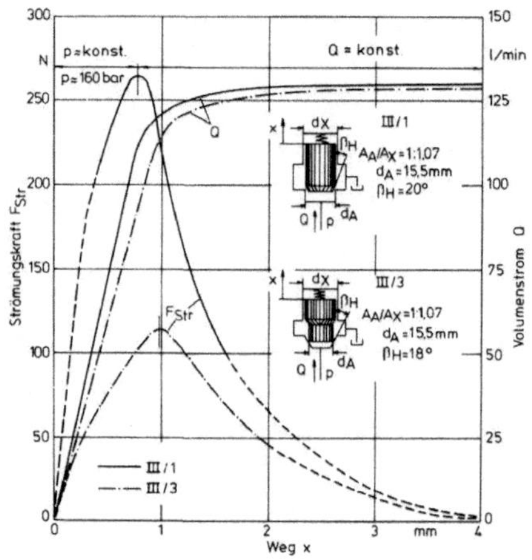

Bild 3.28: Gemessene Strömungskräfte bei unterschiedlichen Kolben-Sitzgeometrien als Funktion des Weges x

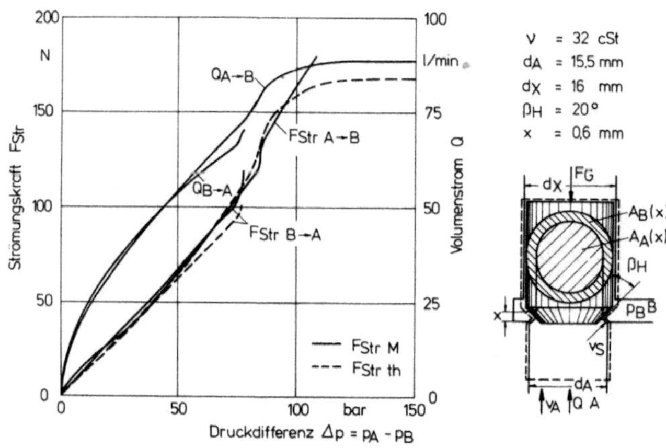

Bild 3.29: Volumenstrom und Strömungskräfte bei unterschiedlicher Anströmrichtung als Funktion von Δp

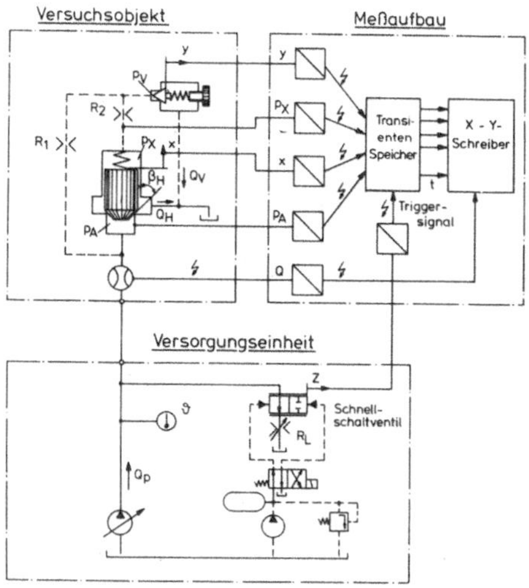

Bild 4.1: Versuchs- und Meßaufbau zur Untersuchung von Druckventilen

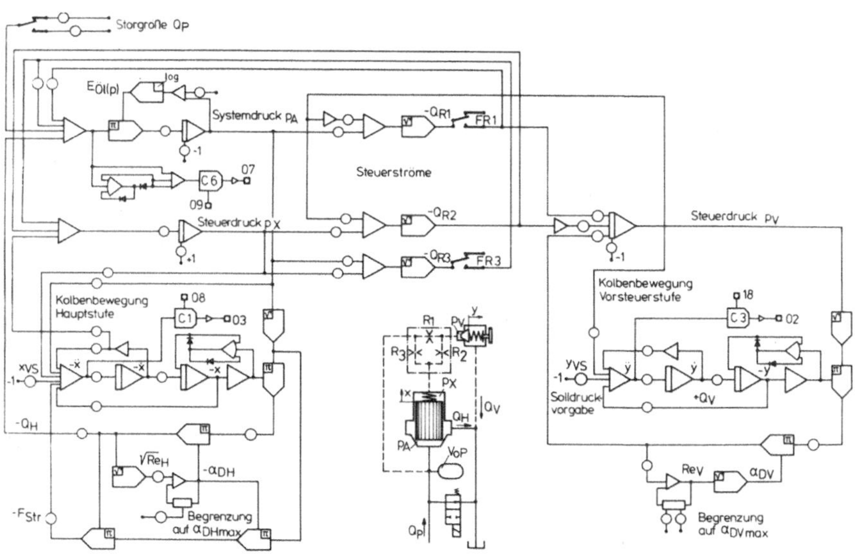

Bild 4.2: Analogrechnerschaltplan

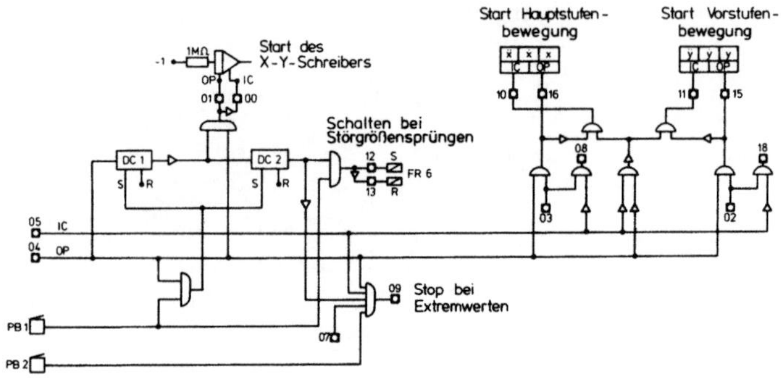

Bild 4.3: Logikplan

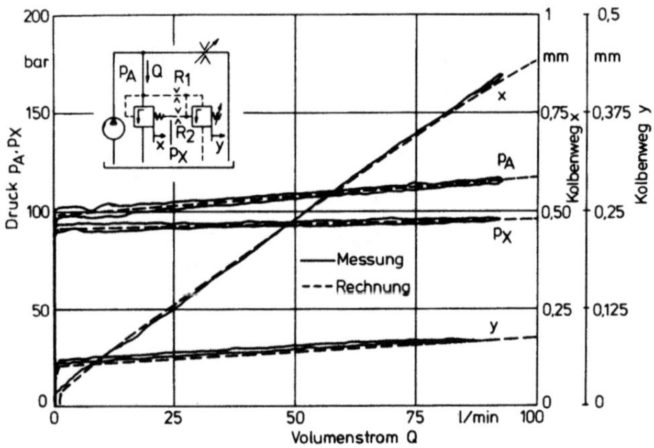

Bild 4.4: Statische Kennlinie eines vorgesteuerten Druckbegrenzungsventils (Typ I; Messung - Rechnung)

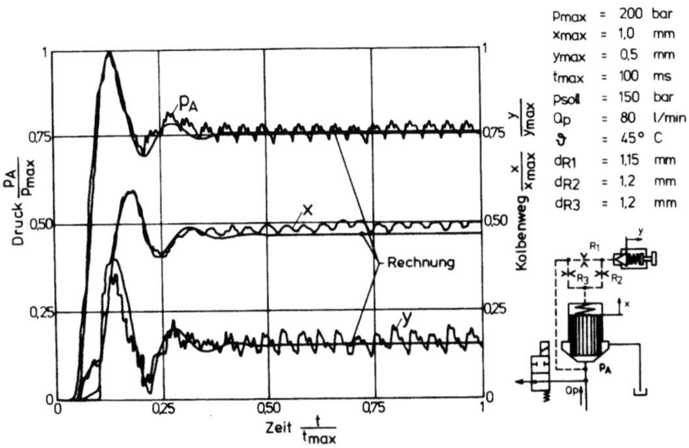

Bild 4.5: Sprungantworten eines vorgesteuerten Druckbegrenzungsventils aufgrund eines Störgrößensprunges (Q=O auf 8o l/min; Typ II; Messung - Rechnung)

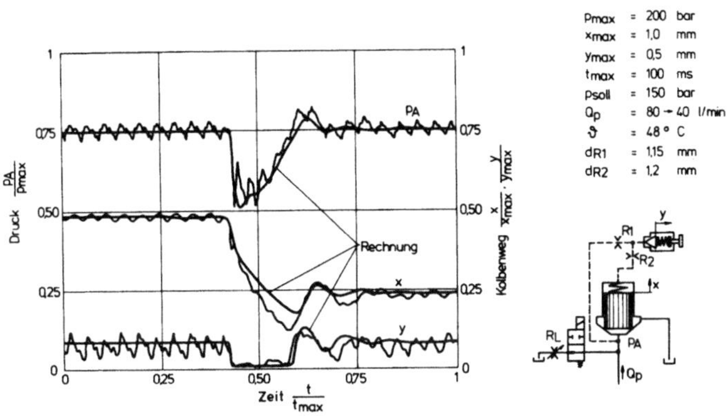

Bild 4.6: Sprungantworten eines vorgesteuerten Druckbegrenzungsventils aufgrund eines Störgrößensprunges (Q = 8o auf 4o l/min; Typ II; Messung-Rechnung)

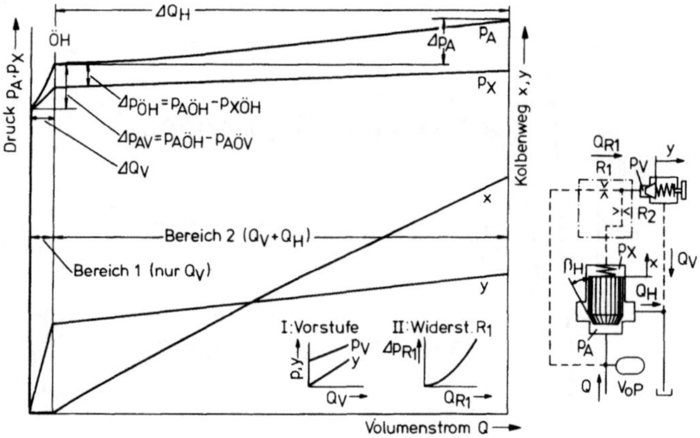

Bild 5.1: Verlauf der charkateristischen Betriebsgrößen in Abhängigkeit vom Volumenstrom Q

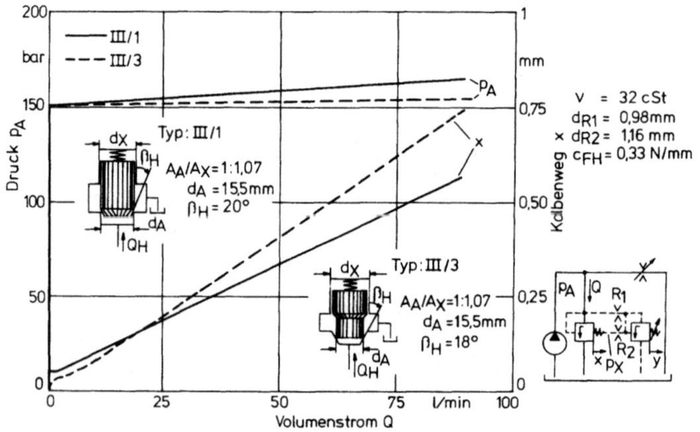

Bild 5.2: Statische Kennlinien $p_A = f(Q)$, $x = f(Q)$ bei unterschiedlicher Sitzgeometrie des Hauptstufenkolbens (Messung)

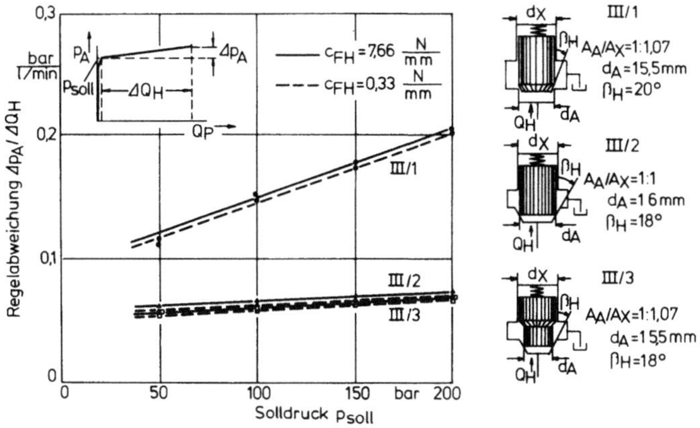

Bild 5.3: Bezogene Regelabweichung in Abhängigkeit vom Solldruck bei unterschiedlichen Sitzgeometrien und Hauptstufenfedern

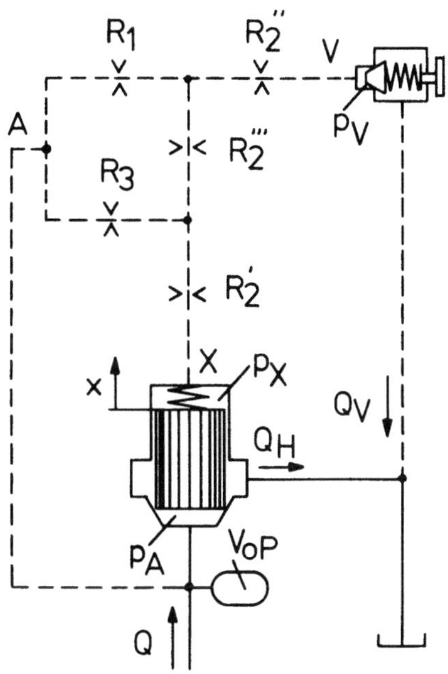

Bild 5.4: Möglichkeiten zur Modifikation eines Widerstandsnetzwerkes

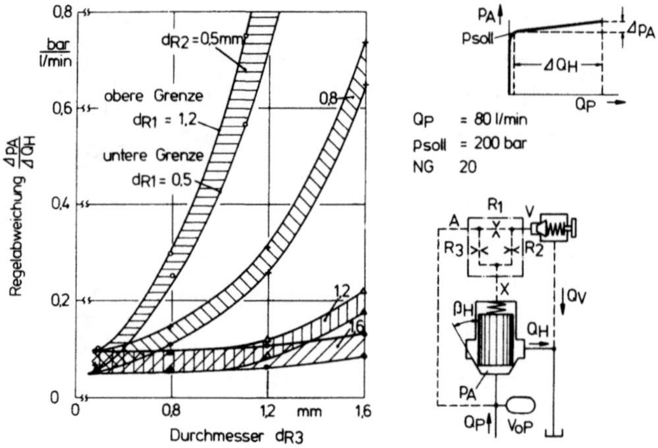

Bild 5.5: Bezogene Regelabweichung in Abhängigkeit von den Blendendurchmessern d_{R1}, d_{R2}, d_{R3} (Netzwerk 3)

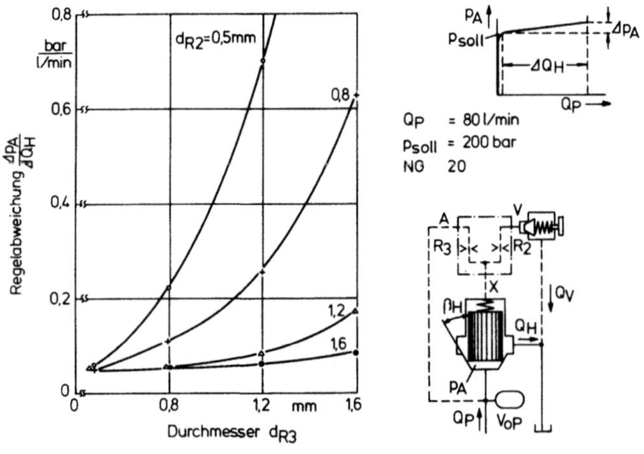

Bild 5.6: Bezogene Regelabweichung in Abhängigkeit von den Blendendurchmessern d_{R2} und d_{R3} (Netzwerk 2)

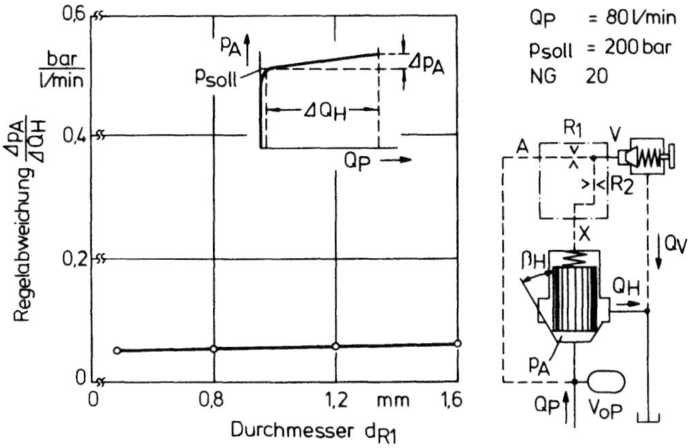

Bild 5.7: Bezogene Regelabweichung in Abhängigkeit vom Blendendurchmesser d_{R1} (Netzwerk 1)

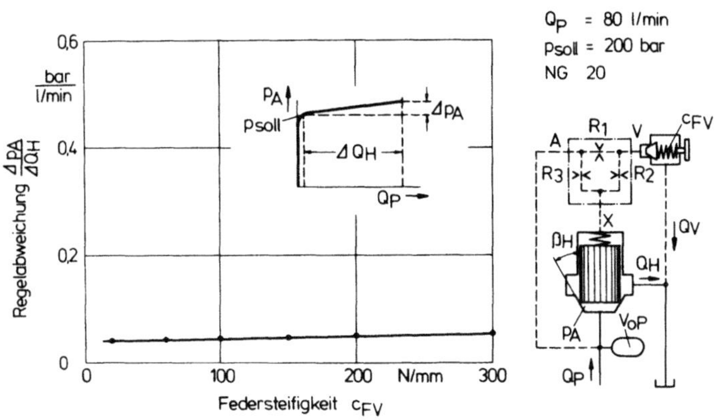

Bild 5.8: Bezogene Regelabweichung in Abhängigkeit von der Steifigkeit der Verstufenfeder

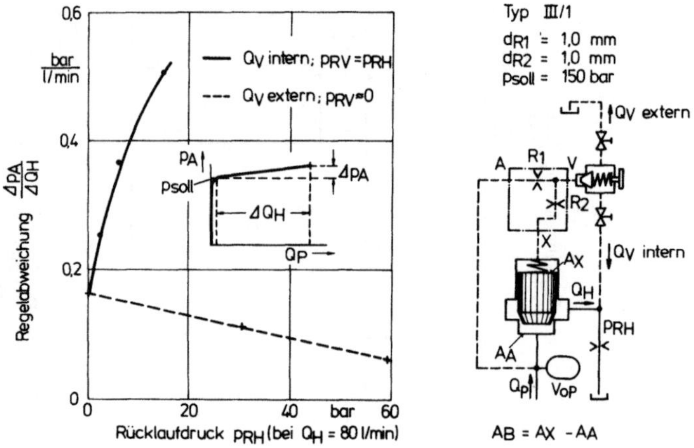

Bild 5.9: Bezogene Regelabweichung in Abhängigkeit vom Rücklaufdruck p_R

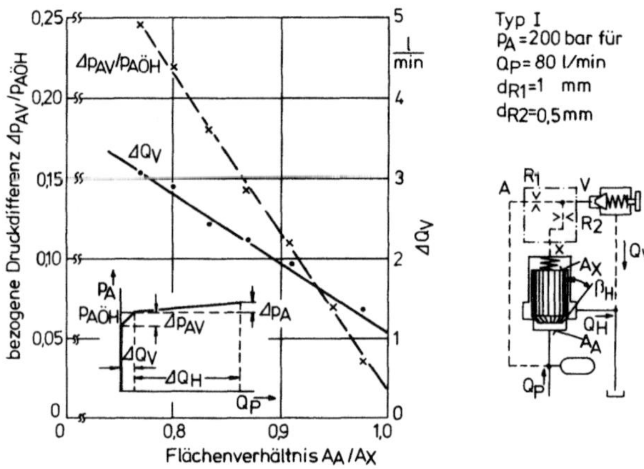

Bild 5.1o: Öffnung der Vorsteuerstufe in Abhängigkeit vom Flächenverhältnis A_A/A_X

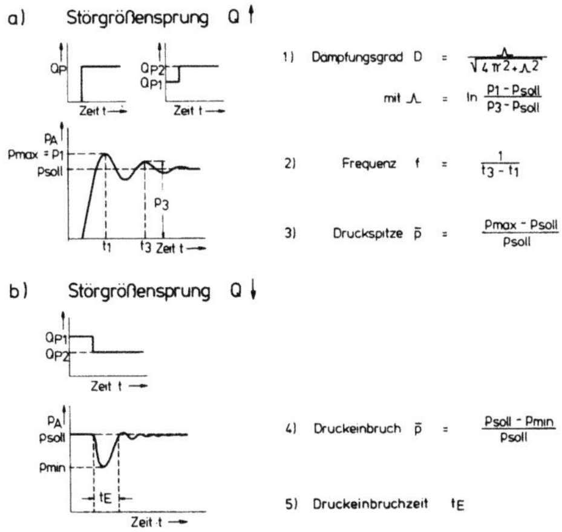

Bild 6.1: Ermittlung der dynamischen Kennwerte aus Sprungantworten

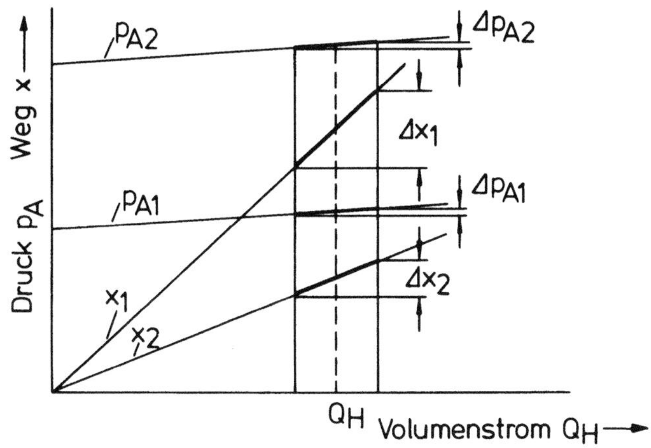

Bild 6.2: Druckänderung und Wegänderung in Abhängigkeit vom Solldruck

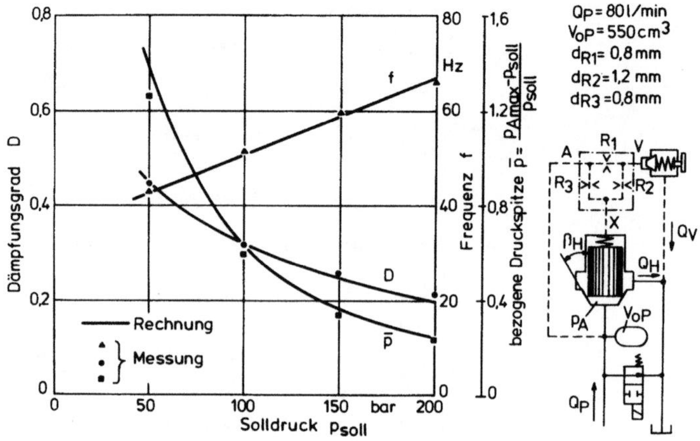

Bild 6.3: Dynamische Kennwerte in Abhängigkeit vom Solldruck p_{soll}

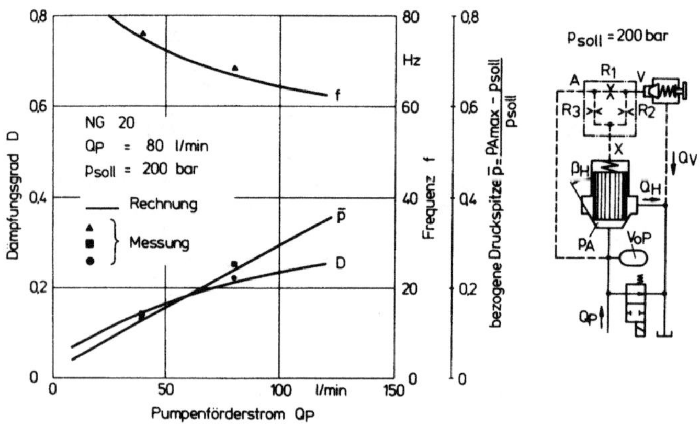

Bild 6.4: Dynamische Kennwerte in Abhängigkeit vom Pumpenförderstrom Q_P

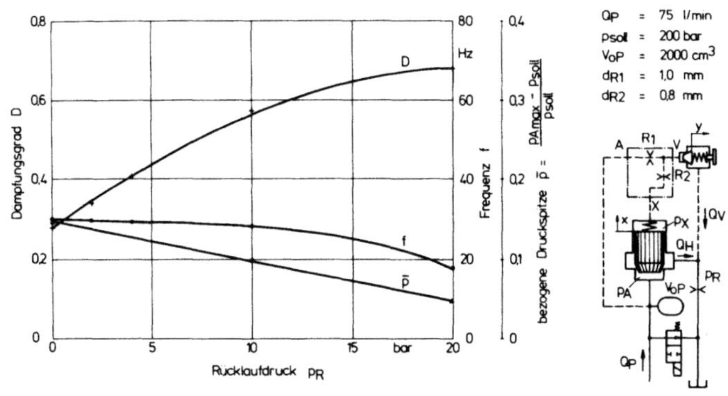

Bild 6.5: Dynamische Kennwerte in Abhängigkeit vom Rücklaufdruck p_R

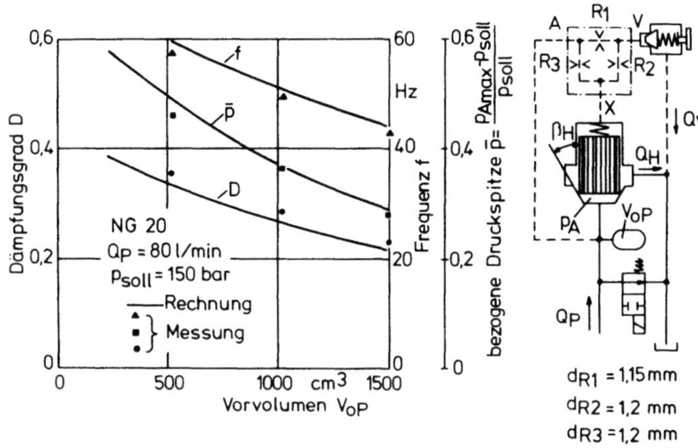

Bild 6.6: Dynamische Kennwerte in Abhängigkeit vom Vorvolumen V_{oP}

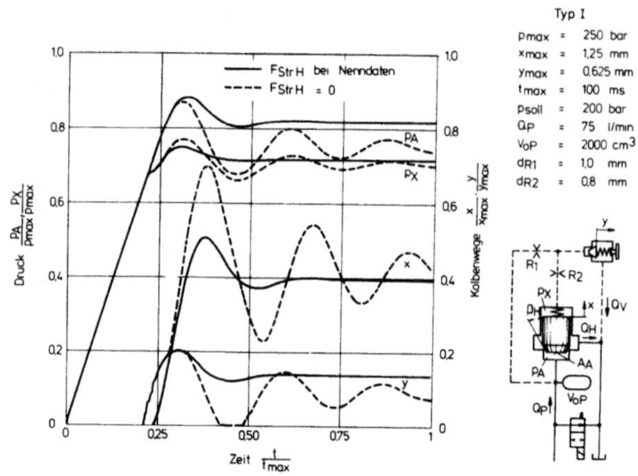

ild 6.7: Gerechnete Sprungantworten mit und ohne Strömungskraft an der Hauptstufe

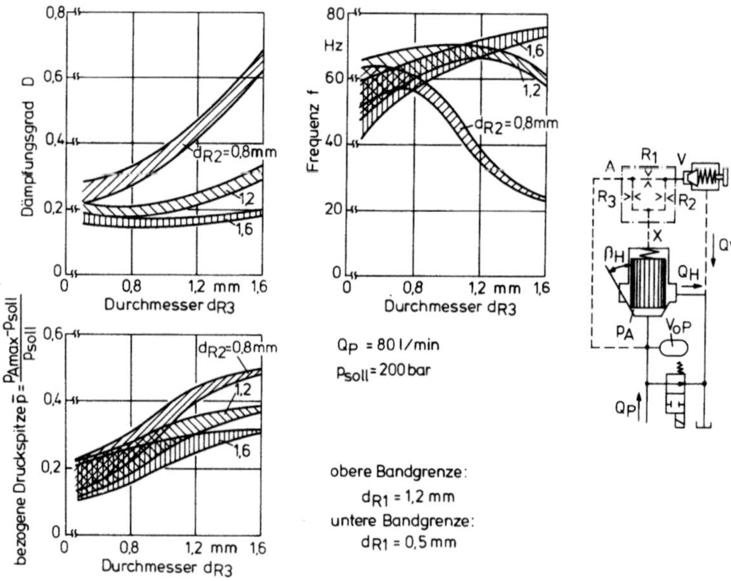

Bild 6.8: Dynamische Kennwerte in Abhängigkeit von den Widerstandsdurchmessern d_{R3}, d_{R2}, d_{R1} (Netzwerk 3)

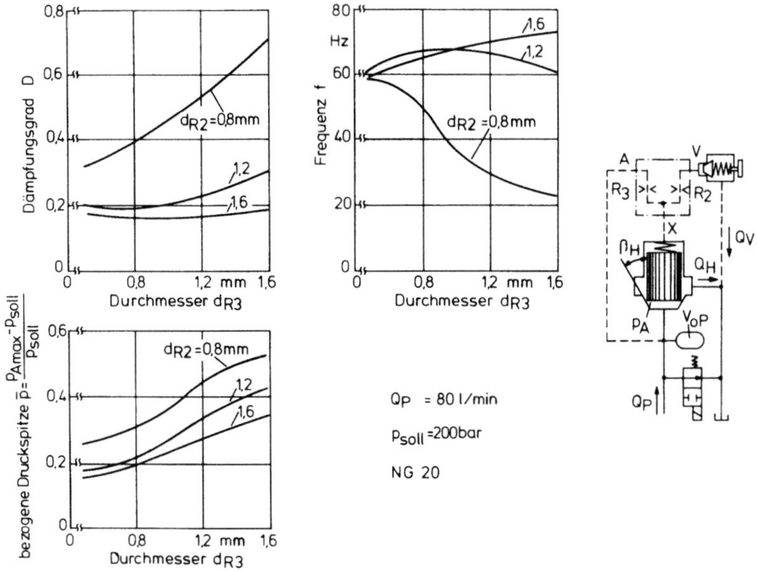

Bild 6.9: Dynamische Kennwerte in Abhängigkeit von den Blendendurchmessern d_{R2} und d_{R3} (Netzwerk 2)

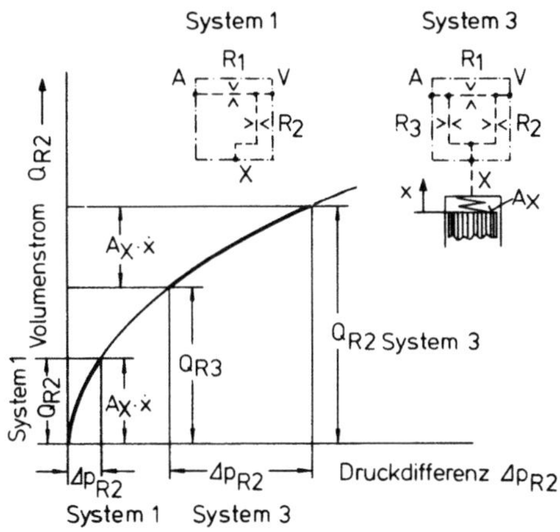

Bild 6.1o: Dämpfungsdruckdifferenz Δp_{R2} in Netzwerk 1 und 3

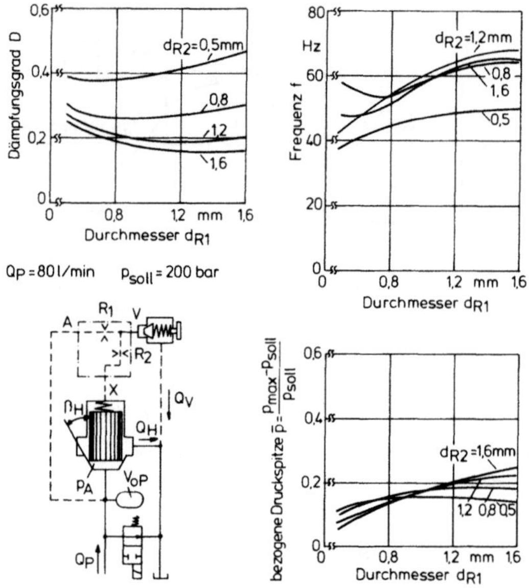

<u>Bild 6.11:</u> Dynamische Kennwerte in Abhängigkeit von den Widerstandsdurchmessern d_{R1} und d_{R2} (Netzwerk 1)

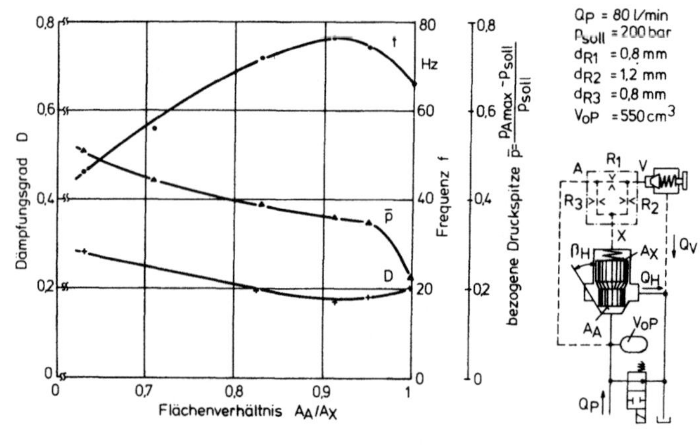

<u>Bild 6.12:</u> Dynamische Kennwerte in Abhängigkeit vom Flächenverhältnis A_A/A_X

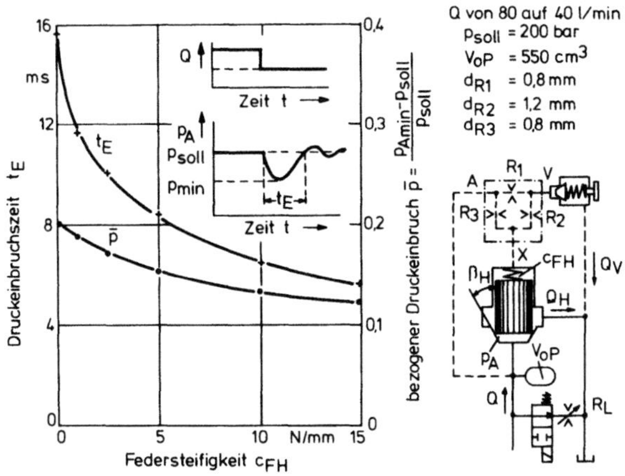

Bild 6.13: Dynamische Kennwerte bei plötzlicher Ventilstromabnahme in Abhängigketi von der Federsteifigkeit c_{FH}

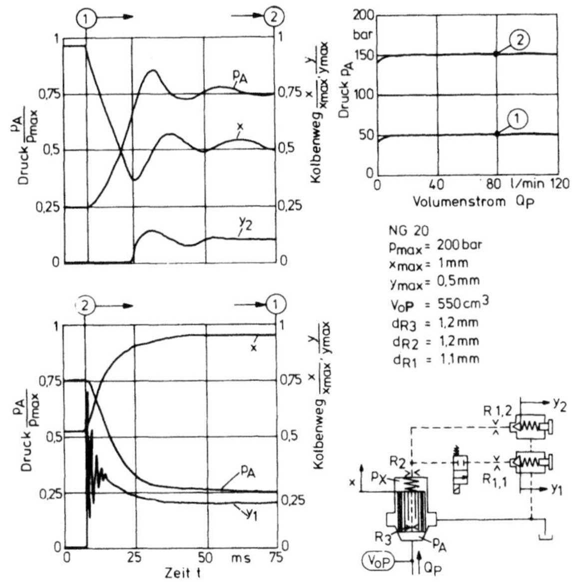

Bild 6.14: Sprungantworten aufgrund von Führungsgrößensprüngen

Einfluß-größe		bezogene Regelabweichung $\frac{\Delta p_A}{\Delta Q_H}$	Dämpfungsgrad D	Frequenz f	bezogene Druckspitze $\bar{p}$
Q_H	↑	—	↑ ↑	↓ ↓	↑ ↑
p_{soll}	↑	↑	↓ ↓	↑ ↑	↓ ↓ ↓
p_R	↑	↑ ↑ ↑	↑ ↑ ↑	↓	↓
d_{R1}	↑	↑	↑	↑	↑
d_{R2}	↑	↓ ↓ ↓	↓ ↓ ↓	↑ ↑ ↑	↓ ↓
d_{R3}	↑	↑ ↑ ↑	↑ ↑ ↑	↓ ↓ ↓	↑ ↑
$\frac{A_A}{A_X}$	↑	—	↓	↑ ↑	↓ ↓
c_{FH}	↑	↑	—	—	—
c_{FV}	↑	↑	—	↑	—
m_H	↑	—	—	—	—
m_V	↑	—	—	↓	—
V_{oP}	↑	—	↓ ↓	↓ ↓	↓ ↓
V_{oX}	↑	—	↑	↑ ↑	↓ ↓
V_{oV}	↑	—	↓	↑ ↑	↓
F_{Str}	↑	↑ ↑ ↑	↑ ↑	—	↓
ϑ	↑	—	↓	↑	↓

Tabelle 7.1: Höhe und Wirkrichtung der Einflußgrößen auf die statischen und dynamischen Kenngrößen

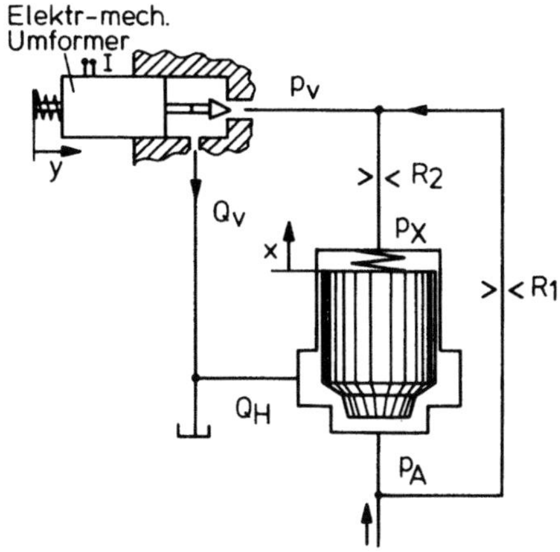

Bild 8.1 : Prinzipieller Aufbau eines elektrisch verstellbaren Druckbegrenzungsventils

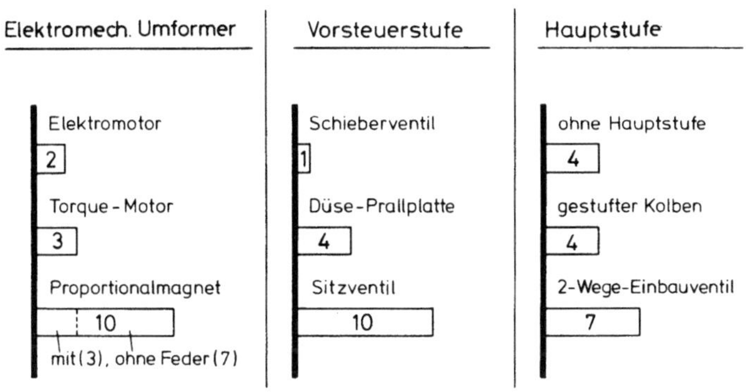

Bild 8.2 : Konstruktionsmerkmale elektrisch angesteuerter Druckbegrenzungsventile (15 verschiedene Fabrikate)

Typ	Konstruktionsprinzip	Daten
II el.	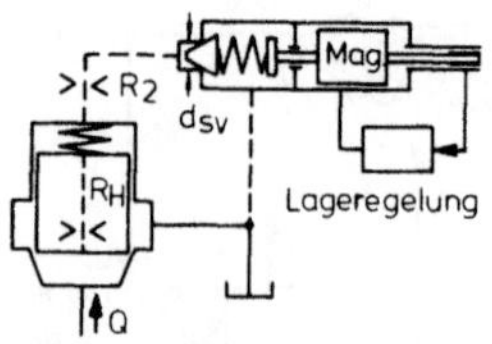	NW 20 Netzwerk 2 d_{SV} = 3,2 mm d_{RH} = 1,2 mm d_{R2} = 1,2 mm
III el.	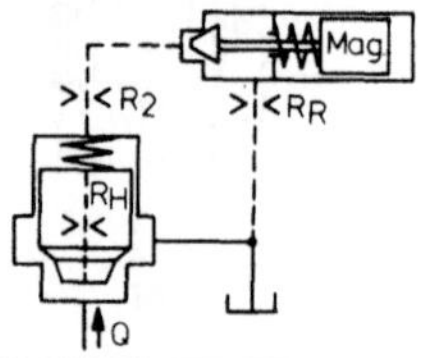	NW 16 Netzwerk 2 d_{SV} = 2,2 mm d_{RH} = 1,2 mm d_{R2} = 1,3 mm d_{RR} = 1,4 mm
IV el.	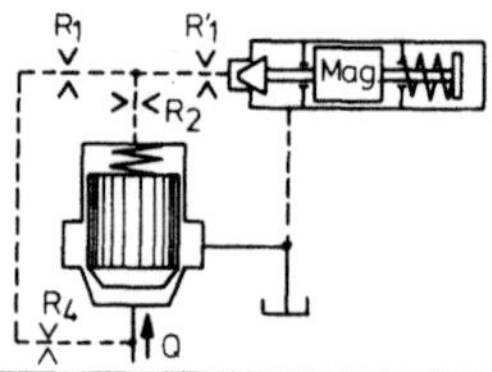	NW 16 Netzwerk 1 d_{SV} = 1,7 mm d_{R1} = 0,8 mm $d_{R'1}$ = 1,0 mm d_{R2} = 0,6 mm d_{R4} = 1,2 mm
V el.	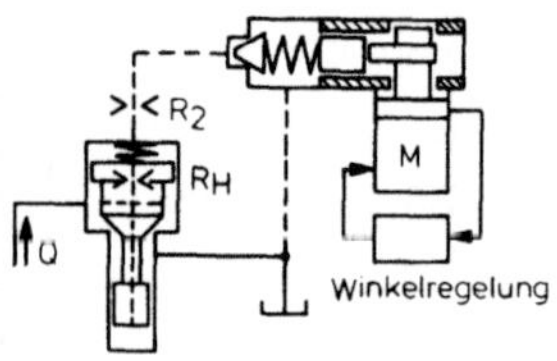	NW 20 Netzwerk 2 d_{SV} = 2,5 mm d_{RH} = 0,6 mm d_{R2} = 0,85 mm

Bild 8.3 : Unterschiedliche Konstruktionsprinzipien der untersuchten elektrischen Druckbegrenzungsventile

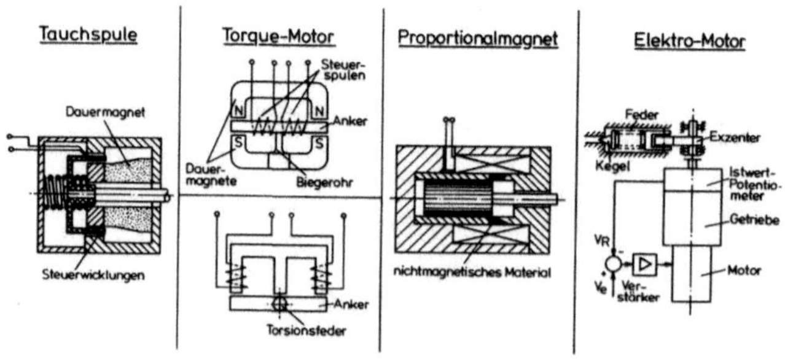

Bild 8.4 : Elektromechanische Umformer

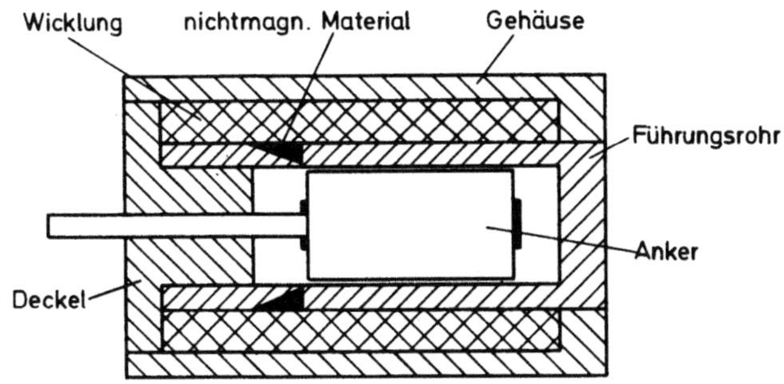

Bild 8.5 : Prinzipieller Aufbau eines Proportionalmagneten

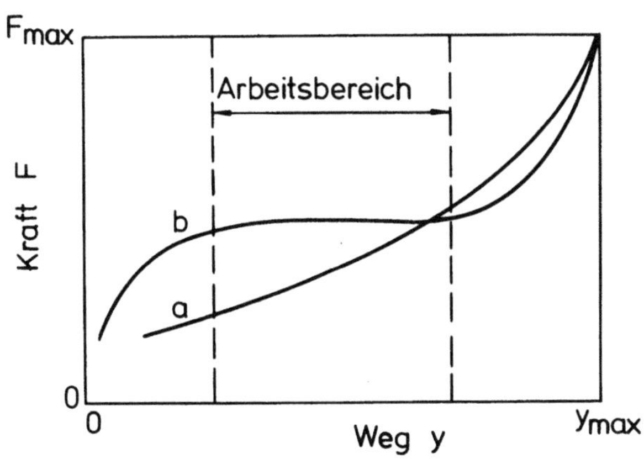

Bild 8.6 : Prinzipieller Verlauf der Kraft-Weg-Kennlinien von Proportionalmagneten

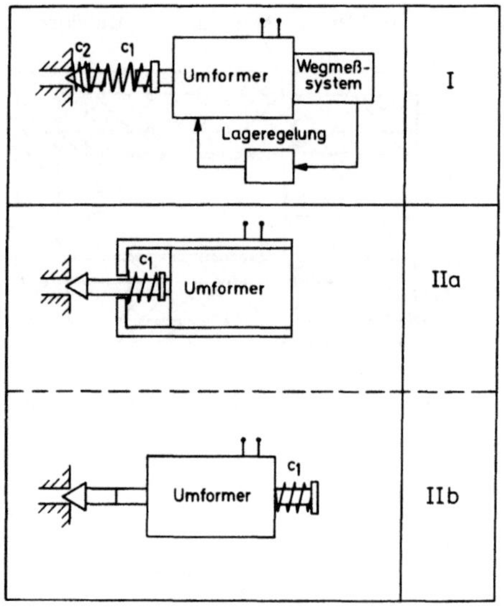

Bild 8.7 : Aufbau der untersuchten Proportionalmagnete

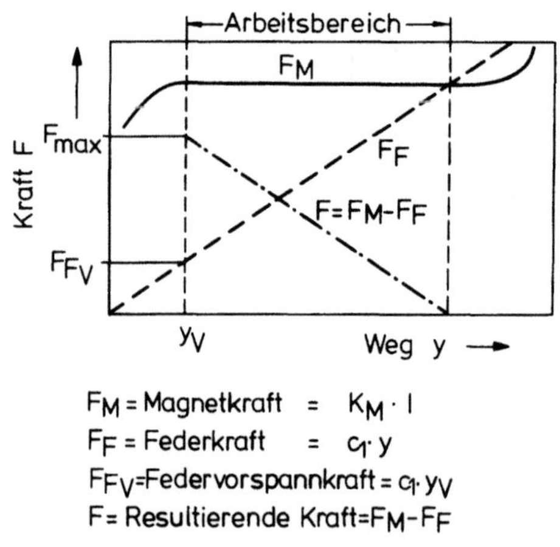

Bild 8.8 : Prinzipielle Kraftverläufe von Proportionalmagne Feder und gekoppeltem System

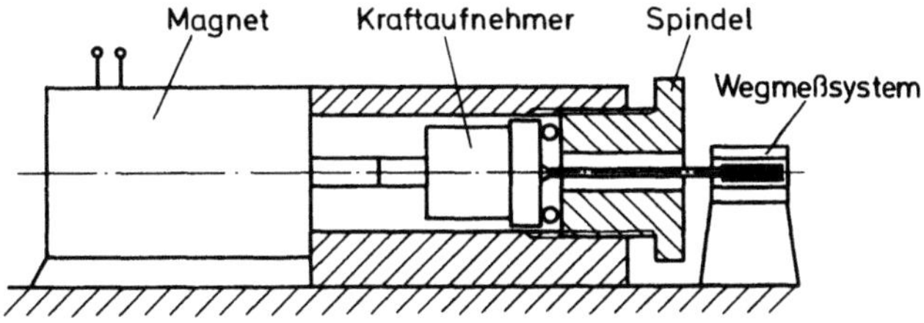

Bild 8.9 : Prüfstandsaufbau für Messungen an Proportionalmagneten

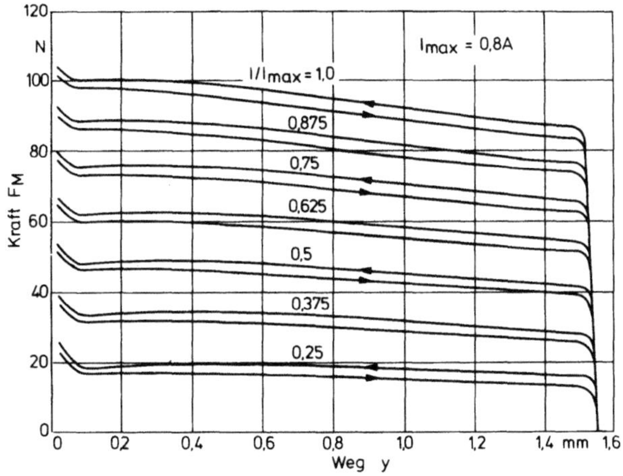

Bild 8.1o: Kraft-Weg-Kennlinienfeld des Proportionalmagneten IIb ohne Druckfeder

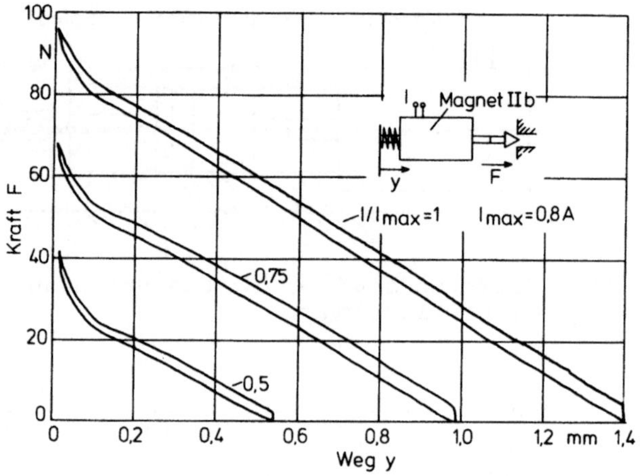

Bild 8.11: Kraft-Weg-Kennlinienfeld des Proportionalmagneten IIb mit Druckfeder

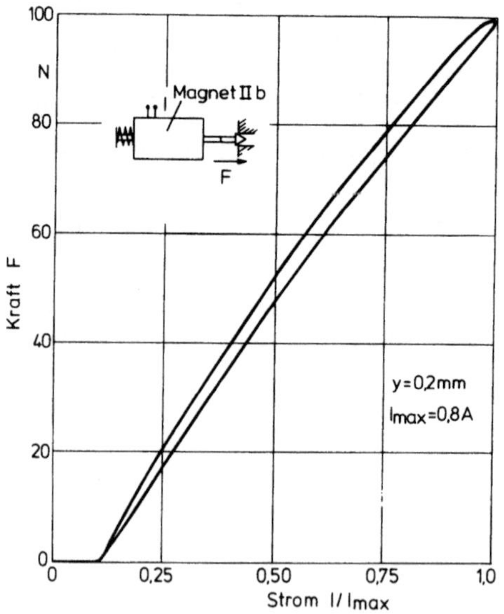

Bild 8.12: Kraft-Strom-Kennlinie des Proportionalmagneten IIb

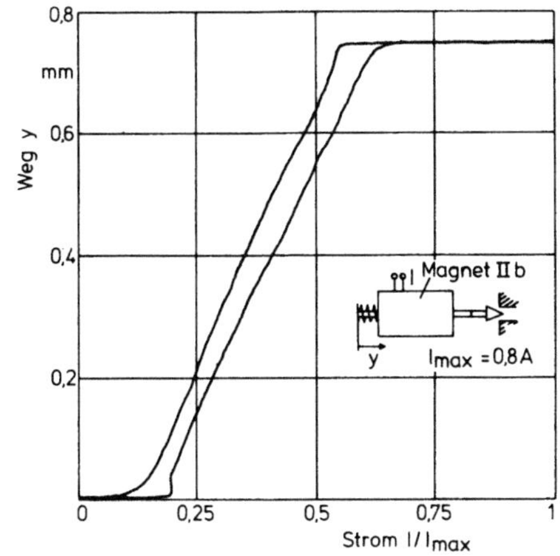

Bild 8.13: Weg-Strom-Kennlinie des Proportionalmagneten IIb

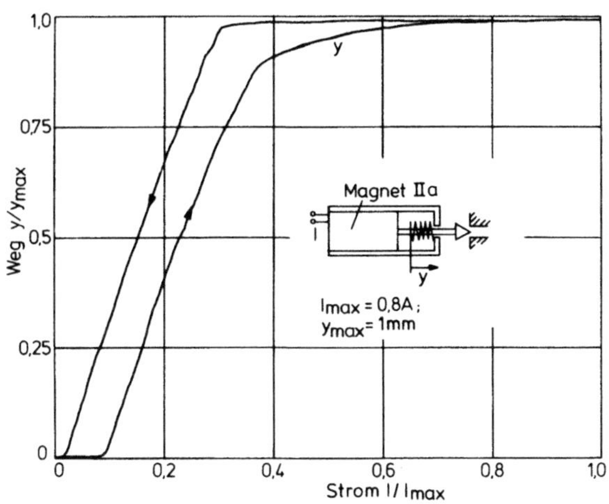

Bild 8.14: Weg-Strom-Kennlinie des Magneten IIa (eingebaut in die Vorsteuerstufe)

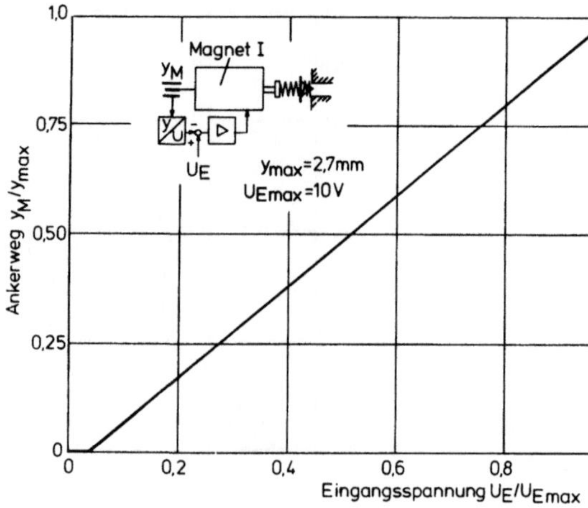

Bild 8.15: Ankerweg-Spannungs-Kennlinie des lagegeregelten Magneten I

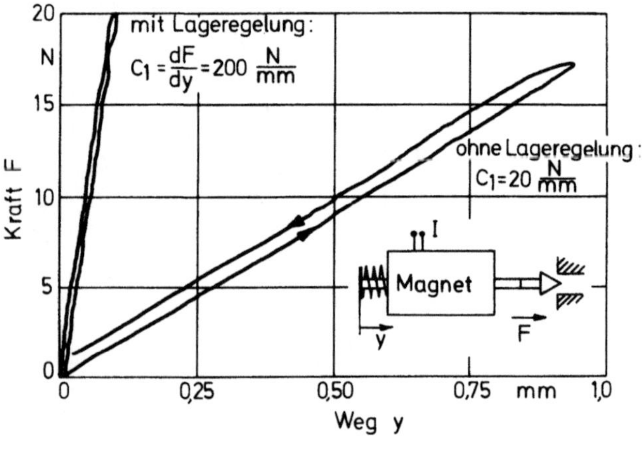

Bild 8.16: Kraft-Weg-Kennlinie für einen Proportionalmagneten mit und ohne Lageregelung

Magnet	Nennstrom	max. Ankerweg in der Vorsteuerstufe	Umkehrspanne (Reibung)	Hysterese (Gesamt)
I	1,6 A	o ÷ 2,7 mm	--	--
II a	o,8 A	o ÷ 1 mm	4,5 %	7,5 %
II b	o,8 A	o ÷ o,75mm	4 %	7 %

Bild 8.17: Statische Kennwerte der untersuchten Proportionalmagnete

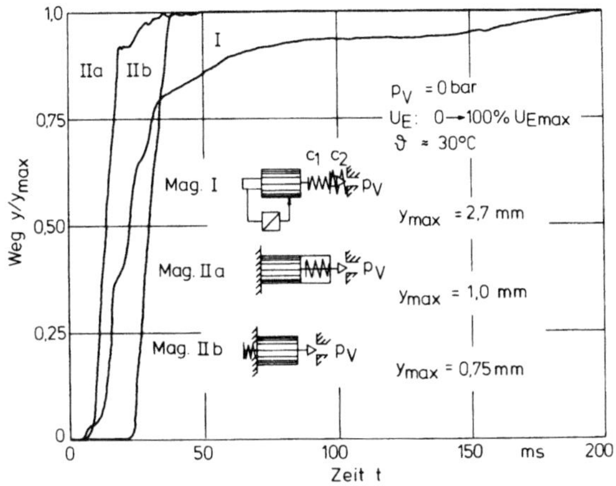

Bild 8.18: Sprungantworten der Magnetsysteme auf einen Führungsgrößensprung

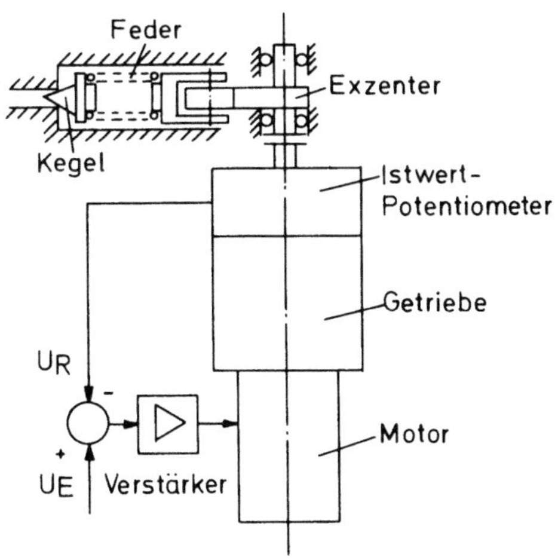

Bild 8.19: Vorsteuerstufe mit Elektromotor als Umformer

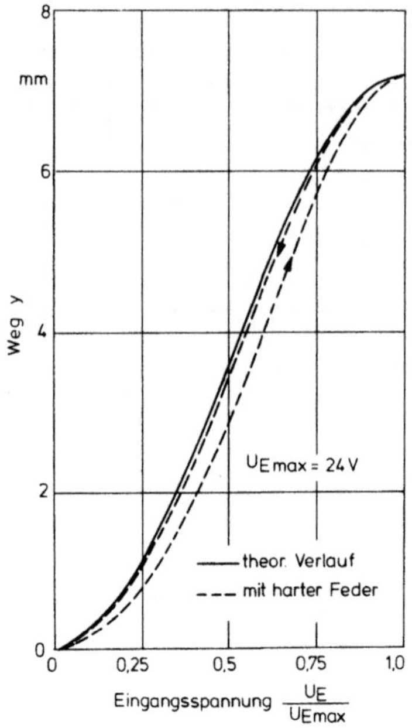

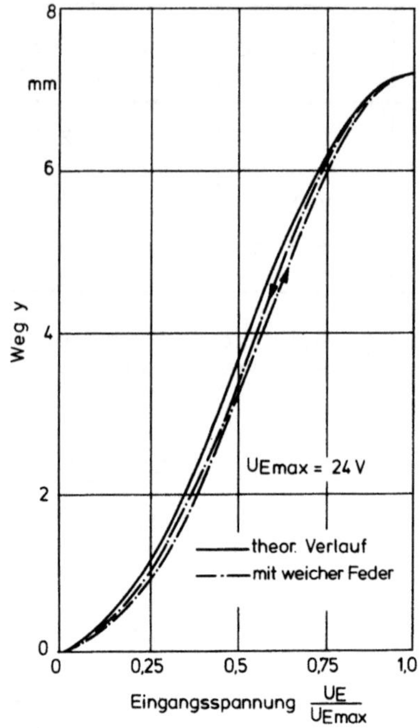

Bild 8.2o/8.21: Verlauf des Stößelweges y über dem Eingangssignal U_E der elektromotorischen Vorsteuerstufe

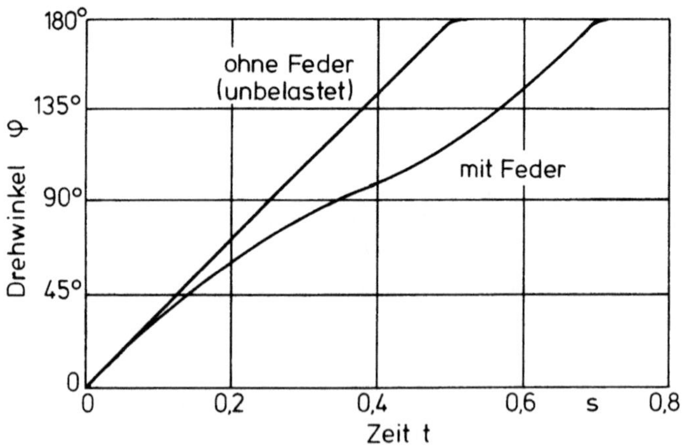

Bild 8.22: Gemessene Sprungantworten der elektromotorischen Vorsteuerstufe mit und ohne Federbelastung

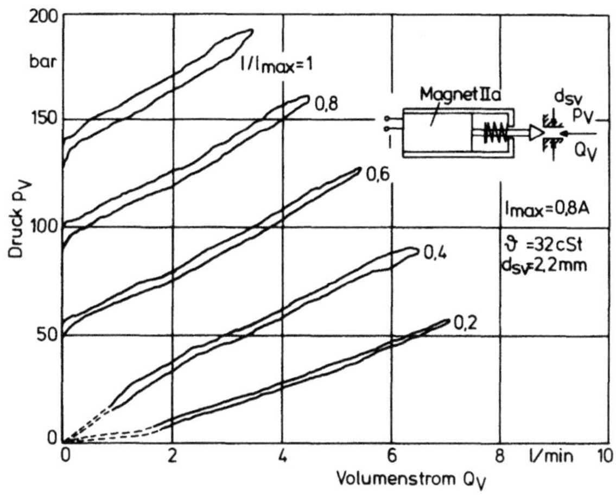

Bild 8.23: Statisches Kennfeld der Vorsteuerstufe mit elektromagnetischem Umformer IIa

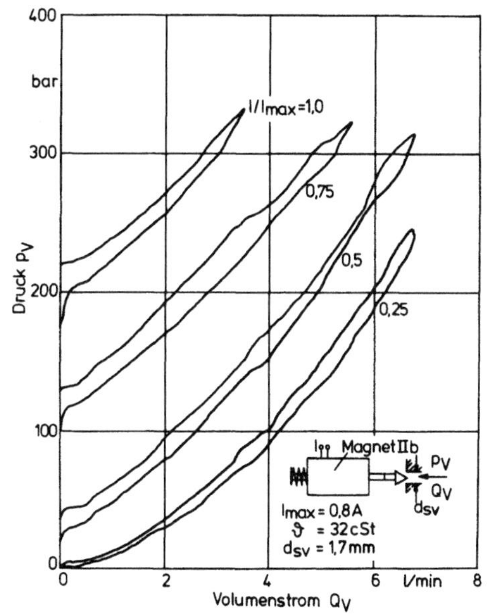

Bild 8.24: Statisches Kennfeld der Vorsteuerstufe mit elektromagnetischem Umformer IIb

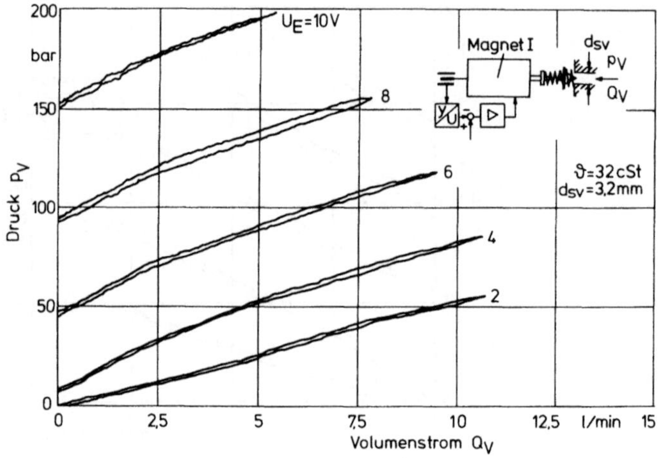

Bild 8.25: Statisches Kennfeld der Vorsteuerstufe mit lagegeregeltem elektromagnetischem Umformer I

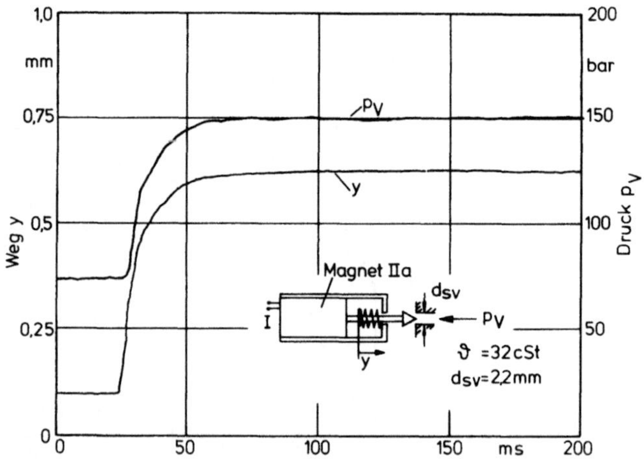

Bild 8.26: Sprungantworten der Vorsteuerstufe mit elektromagnetischem Umformer IIa

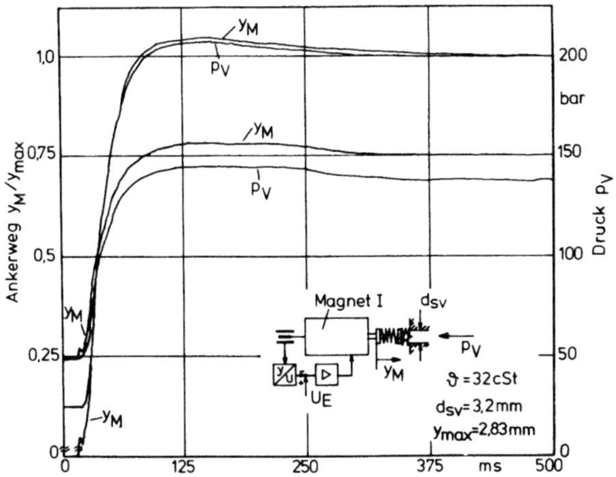

Bild 8.27: Sprungantworten der Vorsteuerstufe mit lagegeregeltem Umformer I

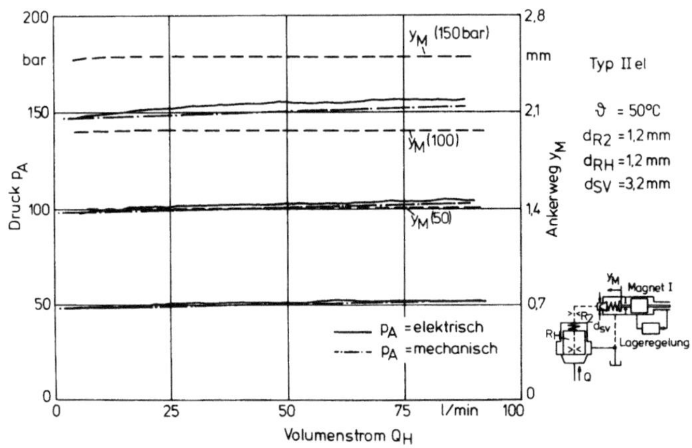

Bild 8.28: Statisches Kennfeld des Ventils II mit elektrischer bzw. mechanischer Vorsteuerung

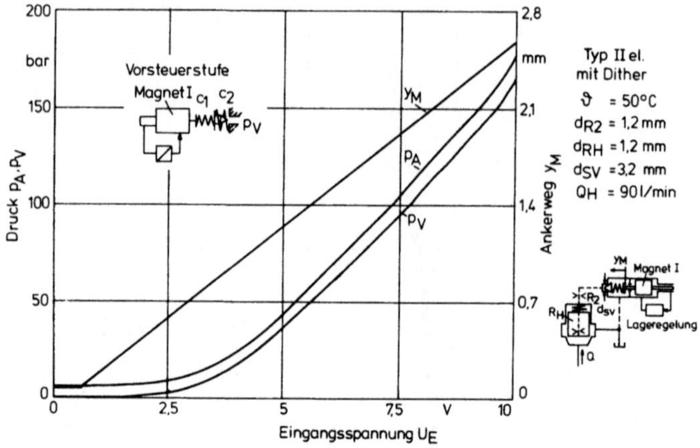

Bild 8.29: Druck und Ankerweg als Funktion der Eingangsspannung von Ventil II el.

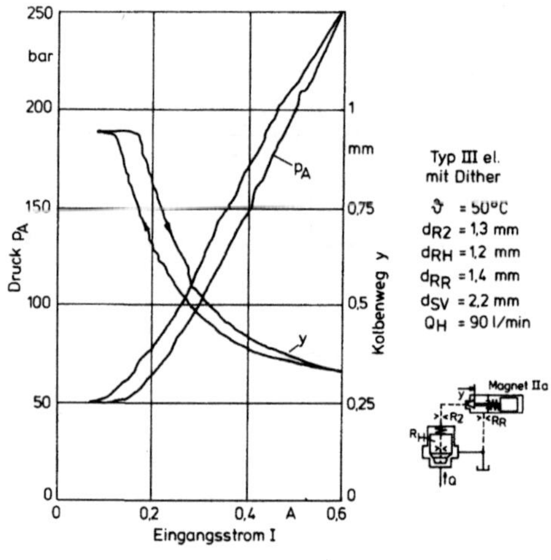

Bild 8.3o: Druck und Vorstufenkolbenweg als Funktion des Ankerstroms von Ventil III el.

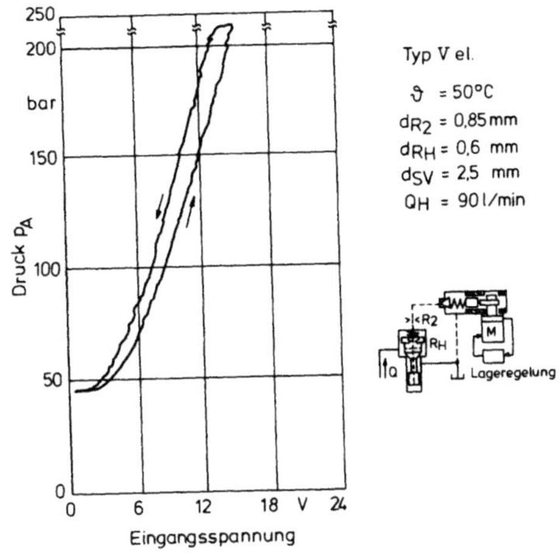

Bild 8.31: Systemdruck als Funktion der Eingangsspannung von Ventil V el.

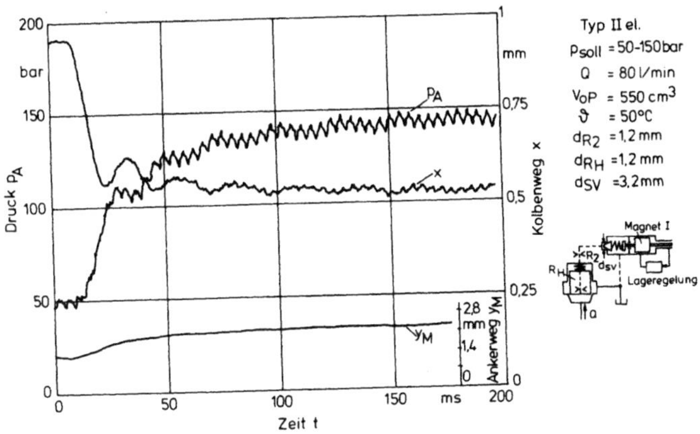

Bild 8.32: Sprungantwort des Ventils II el. auf einen Führungsgrößensprung 50÷150 bar

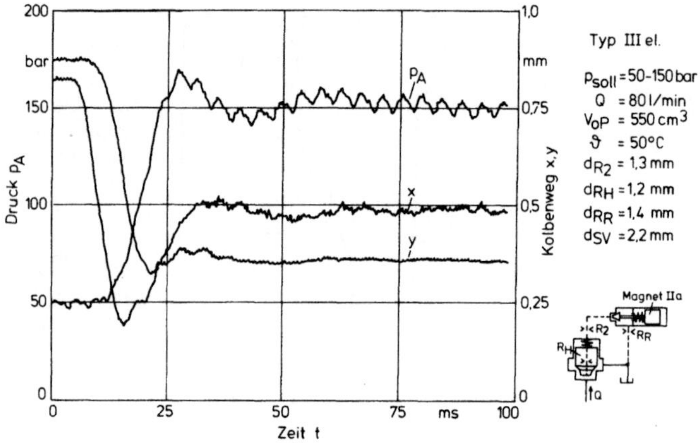

Bild 8.33: Sprungantwort des Ventils III el. auf einen Führungsgrößensprung 5o÷15o bar

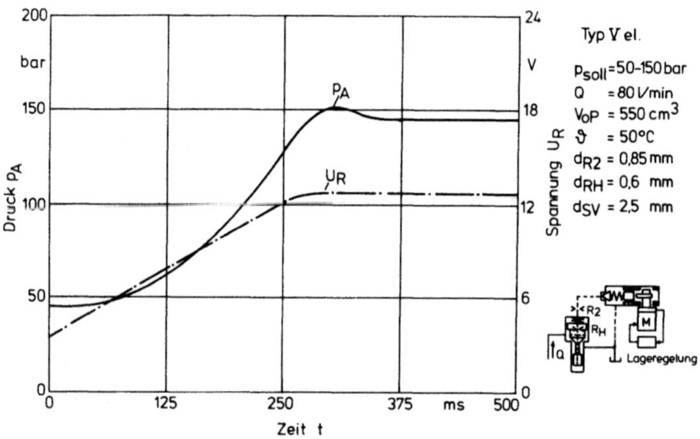

Bild 8.34: Sprungantwort des Ventils V el. auf einen Führungsgrößensprung 5o÷15o bar

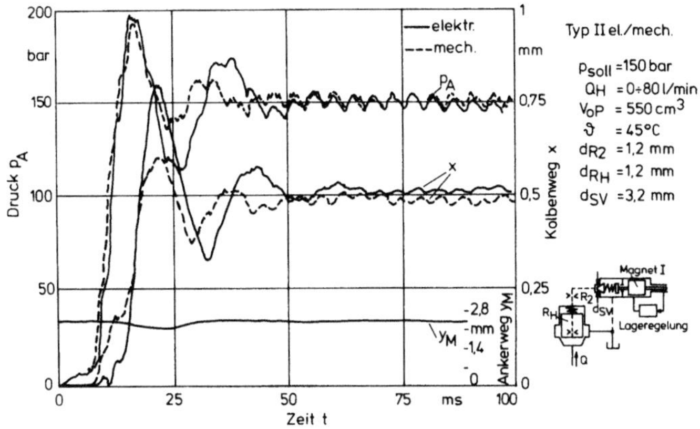

Bild 8.35: Sprungantworten der Ventile II el. und II mech. auf Störgrößensprünge 0÷8o l/min

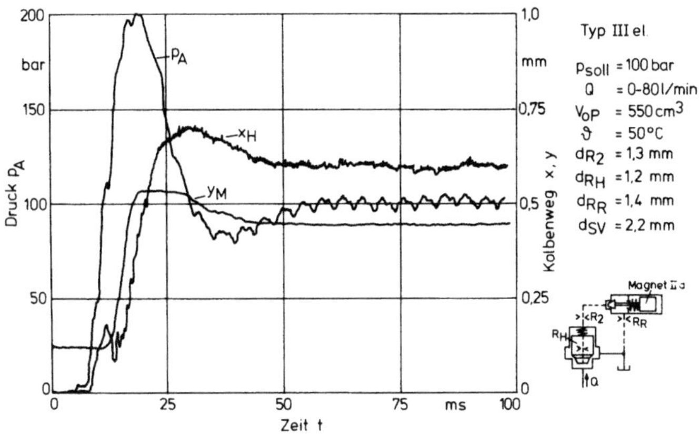

Bild 8.36: Sprungantworten des Ventils III el. auf einen Störgrößensprung 0÷8o l/min

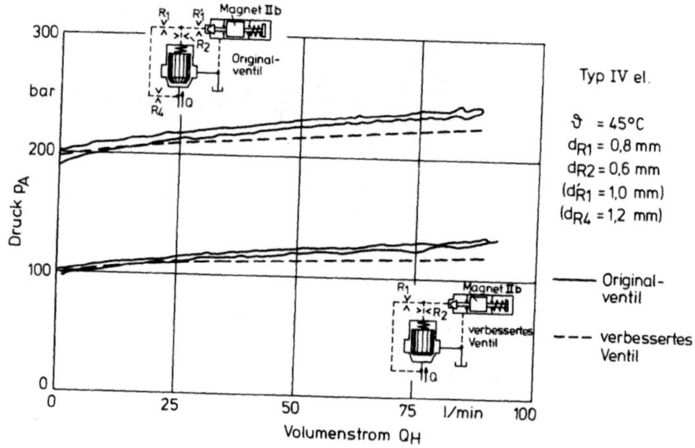

Bild 8.37: Statische Kennlinien des Originalventils und des verbesserten Ventils IV el.

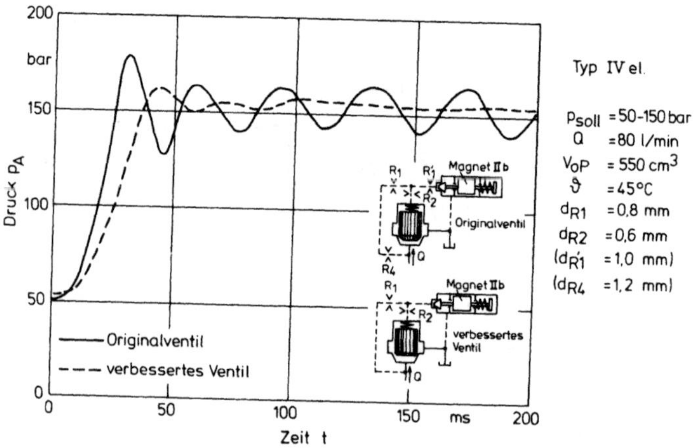

Bild 8.38: Sprungantworten des Originalventils und des verbesserten Ventils IV el. auf Führungsgrößensprünge 5o÷15o bar

FORSCHUNGSBERICHTE
des Landes Nordrhein-Westfalen

Herausgegeben
vom Minister für Wissenschaft und Forschung

Die „Forschungsberichte des Landes Nordrhein-Westfalen" sind in zwölf Fachgruppen gegliedert:

Geisteswissenschaften
Wirtschafts- und Sozialwissenschaften
Mathematik / Informatik
Physik / Chemie / Biologie
Medizin
Umwelt / Verkehr
Bau / Steine / Erden
Bergbau / Energie
Elektrotechnik / Optik
Maschinenbau / Verfahrenstechnik
Hüttenwesen / Werkstoffkunde
Textilforschung

Die Neuerscheinungen in einer Fachgruppe können im Abonnement zum ermäßigten Serienpreis bezogen werden. Sie verpflichten sich durch das Abonnement einer Fachgruppe nicht zur Abnahme einer bestimmten Anzahl Neuerscheinungen, da Sie jeweils unter Einhaltung einer Frist von 4 Wochen kündigen können.

SPRINGER FACHMEDIEN WIESBADEN GMBH

GPSR Compliance

The European Union's (EU) General Product Safety Regulation (GPSR) is a set of rules that requires consumer products to be safe and our obligations to ensure this.

If you have any concerns about our products, you can contact us on ProductSafety@springernature.com

In case Publisher is established outside the EU, the EU authorized representative is:

Springer Nature Customer Service Center GmbH
Europaplatz 3
69115 Heidelberg, Germany

Batch number: 10584556

Printed by Printforce, the Netherlands